U0270053

小城镇内涝防控的
自平衡模式及其规划方法

——以关中平原为例

徐 岚 著

中国建筑工业出版社

图书在版编目(CIP)数据

小城镇内涝防控的自平衡模式及其规划方法——
以关中平原为例/徐岚著. —北京:中国建筑工业出
版社,2019.6
ISBN 978-7-112-23807-1

Ⅰ.①小… Ⅱ.①徐… Ⅲ.①城镇-水灾-防灾-城
市规划 Ⅳ.①TU984.11

中国版本图书馆 CIP 数据核字(2019)第 106329 号

本书关注平原地区小城镇的内涝问题,挖掘了关中平原传统村镇旱涝平衡的
生态建设经验,剖析了小城镇内涝灾害产生的根本原因及其空间应对的解决途径,
提出了平原地区小城镇内涝自平衡模式及其空间匹配的规划设计方法,并探讨了
小城镇从宏观镇域、中观镇区到微观院落、街坊设计的适宜性规划模式。
本书适于城乡规划、建筑学等相关专业师生及从业者阅读。

责任编辑:杨 晓 唐 旭 李东禧
责任校对:王 烨

小城镇内涝防控的自平衡模式及其规划方法——以关中平原为例
徐 岚 著

*

中国建筑工业出版社出版、发行(北京海淀三里河路9号)
各地新华书店、建筑书店经销
北京科地亚盟排版公司制版
北京中科印刷有限公司印刷

*

开本:787×1092毫米 1/16 印张:10 字数:225千字
2019年8月第一版 2019年8月第一次印刷
定价:**58.00**元
ISBN 978-7-112-23807-1
(34135)

前　言

当前，国内大城市内涝得到了社会各界的广泛关注，而量大体小的小城镇内涝却没有得到足够的正视和重视。快速城镇化以来，平原地区的小城镇在扩张过程中，空间形态呈现"摊大饼"格局，规划建设套用现代城市规划技术模式，内涝防治采用现代城市雨水管道人工排放方式，结果造成小城镇普遍存在排水困难、内涝频发、结构失衡与特色衰败等一系列问题。同时，由于小城镇社会经济、建设条件均不同于大城市，且外界对小城镇内涝问题的关注较少，在盲目低质模仿大城市建设模式的过程中，"小城镇大灾害"的情况愈加严重。如果继续这样发展下去，将衍变成为"小城镇大灾难"！由此，平原地区小城镇内涝消解资源化、空间发展特色化成为时代命题。

本书面向北方平原地区，并以关中平原为核心研究区域，从人居环境科学的角度，综合城乡规划学、建筑学、给排水科学与工程等学科专业知识，探讨了小城镇内涝灾害产生的根本原因及其空间应对的解决途径。综合运用调查、统计分析、定性分析、科学抽象等研究方法，挖掘关中平原传统村镇旱涝平衡的生态建设经验，剖析现代小城镇的内涝衍生机理。本研究以系统论、新城市主义理论和绿色建筑理论为启发，结合低影响开发等雨洪管理思想，提出平原地区小城镇内涝自平衡模式及其空间匹配的规划设计方法，并探讨了小城镇从宏观镇域、中观镇区到微观院落、街坊设计的适宜性规划模式。

首先，从关中平原传统村镇聚落分布模式、村落下垫面构成、院落建筑形制、内涝自平衡设施四方面进行定性与定量研究，归纳传统村镇应对旱涝共存的模式及方法。从这一系列相互联系但却具有相对独立性的空间应对模式体系中，整理其在适应气候、匹配功能、节能生态和彰显特色等方面的设计经验。

其次，对关中平原小城镇镇区从聚落空间、公共空间、院落空间及雨水设施四方面展开历史及现状研究，剖析关中平原现代小城镇内涝灾害的衍生机理，明确了导致问题产生的关键点，由此提出有针对性的关中平原小城镇的内涝自平衡策略。

再次，明确了小城镇雨水、积水、用水、排水之间的数学关系，确定了内涝相关的参数控制指标和空间设计指标类型，构建了"院落-片区-镇区-镇域"的内涝自平衡单元体系，尝试提出关中平原小城镇内涝自平衡模式，以期补充小城镇规划设计理论与方法，形成适宜关中平原及其他平原地区小城镇的建设模式。

最后，基于内涝自平衡模式对小城镇空间组织进行研究，提出了关中平原小城镇雨水利用目标和内涝消解目标。分别从院落基层居住单元、片区基本生活单元、镇区内涝平衡单元和镇域生态协调单元四个层面，对单元内的功能构成、规模调控、指标体系、空间组织及设施配置等内容进行设计，提出了相应的空间模式。试图探寻实现小城镇内涝系统化解决，以及小城镇空间特色化发展的适宜之路。

本研究课题由国家自然科学基金重点项目"快速城镇化典型衍生灾害防治的规划设计原理与方法"（51438009）、国家自然科学基金青年项目"关中平原小城镇内涝生态自平衡模式与空间匹配方法研究"（51508441）和陕西省重点研发计划项目"陕西小城镇规划建设致灾因素及防控对策研究"（2018SF-381）共同资助完成。

目　　录

1 绪 论

1.1 研究背景与意义

1.1.1 研究背景

1. 具体问题：关中平原小城镇面临旱涝并存的现实困境

关中平原，南倚秦岭山脉，北接黄土台塬，是黄土高原最大的平原地区。这里人口众多、农耕历史文明悠久，号称"八百里秦川"；这里地势平坦，水资源有限，降水较少但夏雨集中；这里也是我国西部地区最大的城镇集中分布区，小城镇数量众多。关中平原作为西北地区的排头兵，在该区域的新型城镇化发展进程中占据重要地位。

在数千年适应自然的过程中，关中传统村镇聚落空间形制逐渐呈现出与自然生态相对和谐共存的状态，但快速城镇化以来，关中平原小城镇急剧扩张，空间形态呈现"摊大饼"格局，规划建设套用现代城市规划技术模式，内涝防治采用现代城市雨水管道人工排放方式，完全丢弃本地区传统村镇内涝自平衡利用经验与智慧，加之部分地区水资源匮乏，结果造成小城镇普遍存在排水困难、内涝频发、结构失衡与特色衰败等一系列问题。

据官方报道的资料统计得知：2005 年来（按行政界域划分的）关中平原城镇发生内涝灾害 80 余次，其中 3 级以上内涝灾害 43 次，60％以上发生在小城镇新建区内。以西咸新区大王镇为例，根据历史资料[1]和走访调研成果统计得知：1949～1990 年，40 年来共发生严重水淹现象（内涝）10 余次，多以农田受灾为主，镇区积水最深处为 0.6m；1990 年至今近 30 年共发生内涝灾情 20 余次，可见内涝的发生频率在快速城镇化阶段显著增加。此外，积水点位置也由农田转移至建设区，镇区积水情况逐渐重于农田，镇区积水处最深为 1.3m，同时，积水面积和 1990 年相比增加了约 30％。由于小城镇可考资料有限，实际灾情应该重于上述水平。

与此同时，随着小城镇建设用地的不断扩张，雨水管道的管径与埋深不断加大，也需要不断更换，这对本就经济欠发达的关中小城镇来讲，既不好换也换不起，无疑是雪上加霜。

另一方面，关中最常见的天灾是干旱，每年均有不同程度发生，2000 多年来各种史籍屡见严重旱灾的记载[2]。干旱对农业生产危害严重，并致使城镇水源地水位下降，供水总量减少，给城市供水造成困难。随着现代城镇规模迅猛扩展，工业及居民生活用水剧增，问题愈趋突出[2]。

干旱与内涝交替并存的客观现实，都是由于水而引发的灾害，这一困境需要得到破解，而实现雨水资源的错季、分时利用正是低成本破解的关键。

2. 学术问题：小城镇空间规划设计理论方法不足

内涝已经成为又一个新型的城镇灾害，在全国范围内全面爆发，其带来的链式影响不容小觑。究其原因已经不能仅仅只归咎于市政管网的落后与老旧，这一现象背后揭示的是更深层次的城镇发展理念、模式和技术的偏差，需要得到反思和正视！

小城镇位于城之尾、村之首的衔接区域，在城市、村落规划理论与方法中往复，模仿照搬城市规划建设模式，缺乏系统、成熟的适于小城镇的理论与方法的支撑，已是尴尬而又客观的事实。当前小城镇现行的规划编制中，确定规划结构、空间布局时主要考虑功能分区、空间形态等方面，没有依据生态、安全、低碳需求进行空间单元的科学划分；加之现行城镇防灾规划滞后、落后，从属于空间布局规划，城市规划师与市政工程规划师工作割裂。绝大多数城镇空间布局规划方案完成后，再据此配套相应的市政工程系统规划、防灾规划，只能从技术角度设法配合空间规划需求[3]，往往是表面功夫，收效甚微。同时，我国的规划防灾理论现阶段停留于普适性的纲要层面，典型地域性防灾规划理论研究尚不系统。现行城镇雨水工程规划理念与技术亟需调整，当前我国90%的城镇都采用"管道快排"模式，成本高、周期长、效果不理想。在极端气象现象频发、城镇硬化地面剧增的背景下，这一模式恰恰是导致内涝问题的根源之一。

当前针对小城镇尤其是关中平原小城镇空间规划模式的研究并不充分，既有小城镇研究较多是基于社会经济和城镇体系的宏观层面的研究，但对于有限经济条件与旱涝并存限制下的小城镇空间规划及雨水管理理论与方法的深入研究较少，能够有效指导关中平原小城镇空间发展的适宜性模式与方法尚未形成。

2015年底的全国住房和城乡建设工作会议提出了"把县城规划建设工作提上重要日程，改善县城人居生态环境"等与小城镇建设密切相关的重要内容，标志着以县城为核心代表的量大面广的小城镇（2016年末，全国共1537个县、建制镇20883个[4]）迎来了建设的重要机遇。在这一关键时期，一定要把握好机遇，将生态文明建设理念全面植入小城镇规划建设中，预见性地看到小城镇生态化、特色化建设的必要性和必然性。同时，清晰地认识到小城镇建设绝不能盲目冒进，不能简单复制大城市建设经验，不能不加取舍地挪用国外技术。[3]22

3. 现实问题："海绵城市"建设理念及实践需要地域化转译，"旱涝平衡"传统经验需要与时俱进的现代化传承

近年来，"海绵城市"已成为基建领域的热词，国际通用术语为"低影响开发雨水系统构建"，是一种生态型雨水管理模式的城市发展理念。这个出现于2012年的"新"概念是指城市能够像海绵一样，在适应环境变化和应对自然灾害等方面具有良好的"弹性"，下雨时吸水、蓄水、渗水、净水，需要时将蓄存的雨水"释放"并加以利用。目的在于提升城市生态系统功能和减少城市洪涝灾害的发生。[5]2015年12月28日，全国住房和城乡建设工作会议明确提出继续大力推进城市基础设施建设，全面规划启动海绵城市建设以及"推进城市修补、生态修复工作"，这一系列决议标志着海绵城市建设工作从重点城市个别试点进入广大城乡全面推进的重要阶段。虽然海绵城市建设试点及推广重点均为大城市，但应看到连接城乡的小城镇的建设质量和效果将直接决定我国城镇生态化发展的根本基质，

"海绵村镇"的建设趋势正在形成。[3]22,[6]

虽然"海绵城市"、低影响开发模式（LID）等理念和技术手段，正在快速被接受和推广，但由于"海绵城市"是基于发达国家（日本、北美和西欧等国）过去几十年的雨水管理和实践经验而提出的，这些地区与我国在排水设施建设基础、气候条件、城镇规模等方面存在巨大的差异，所以"海绵城市"理念在实际指导我国城镇建设时，对其的理解和运用广泛存在着一系列"水土不服"的问题，急需地域化、本土化的转译。在建设前必须立足地域环境，认清自身建设的基础条件，明确目标、需求、容量等关键问题，才能合理确定相关设施类型及规模等核心建设内容，方能使小城镇建设落在实处，切实发挥应有的作用[3]23。

此外，关中平原的先民们历经千百年来的生存考验，积累起了大量朴素的生态建设经验和智慧，如传统村落中防涝的理念与做法，传统村落中雨水利用系统与村落空间形态的结合关系等一系列"旱涝平衡"的建设经验，这些经验在一定程度上与"海绵城市"建设理念异曲同工，可以说是"海绵城市"的中国"祖先"。因其集中体现在村落中，更适用于小城镇这一规模等级的人类聚落，但在当前的城镇发展建设过程中，这些历经考验、适于本土的宝贵经验却被抛弃或遗忘，着实可惜！既不利于传统文化的保护与传承，也使当地小城镇建设陷入盲从、无序的发展困境。"旱涝平衡"的传统建设经验急需现代化的传承与发扬。

当前，要真正解决城镇内涝问题，不能"头痛医头、脚痛医脚"，必须整体、深入地研究，将现有各种技术纳入一个系统中，各自发挥作用，从根本上探索适应生态、安全需求的新型小城镇空间模式与规划方法，才是根治城镇内涝问题的有效途径。本研究正是基于城乡规划学、建筑学、系统科学等多学科平台，对城镇内涝问题进行规划、建筑学视角的专业解读与解决。

1.1.2 研究意义

1. 理论前沿性

人类社会及其生活空间的可持续发展是一切人类活动的目标和方向，在城镇空间研究与设计领域，如何既能合理利用有限的空间资源，又能使人与自然和谐共存，是永恒的命题。本研究以雨水资源在小城镇空间内的分布为切入点，将平衡理论引入城乡规划研究与城镇空间设计，在反思现行规划理论与方法的基础上，突破既有规划单项的、定性的工作内容与特征，探索基于系统科学规律、尊重自然环境内在机制的"内涝自平衡"空间组织模式。通过本研究，将进一步丰富我国小城镇空间布局与设计研究领域的既有成果，为小城镇空间布局实践的优化与更新提供依据，具有一定的学术价值和前沿视野。

2. 实践迫切性

根据新型城镇化发展导向，到2030年，三亿农村人口将转移落户到城镇，而小城镇无疑是接纳这些人口的主要平台，这就预示着关中平原大量小城镇仍将面临进一步的大发展。另一方面，无论从国家战略还是行业前沿来看，美丽小城镇应区别于城市，也应区别于乡村，必须向生态、绿色、低碳和乡愁方向发展，走小城镇自己适合的道路。关中平原小城镇发展正处于这样一个关键的节点，若继续照搬大城市的模式将带来资源浪费和可预见的隐患，探索一条适于本土的、自身的发展路线，显得尤为迫切！

在关中平原小城镇建设中，传承本地区传统聚落内涝原生态防控与利用智慧，适应本地区小城镇经济欠发达的现实，面向生态宜居小城镇发展理想，简化或替代管道雨水排放方式，采用绿色、低碳的内涝自平衡模式并进行小城镇生态景观格局与生活功能结构的空间匹配，将有力促进本地区小城镇规划技术与内涝防控技术水平提升，技术保障关中平原村镇新型城镇化发展，并为"海绵城市"、"低影响开发"技术的本土化运用进行积极实用的探索。同时，研究成果将为黄土高原其他平原区小城镇建设提供可参考、可操作的研究经验。

1.2 研究范围与对象

1.2.1 研究范围

关中平原，号称"八百里秦川"，又称渭河平原、关中盆地、渭河盆地、渭河谷地。对关中平原的范围界定有不同的理解，主要有以下两种：

1. 常见关中平原四至描述为：南至秦岭，北到北山（老龙山、嵯峨山、药王山、尧山等），西起宝鸡，东界潼关。具体边界通过行政区划界域来明确，包括宝鸡市、杨凌区、咸阳市、西咸新区、西安市、渭南市和铜川市（含 34 个县、454 个建制镇），南北宽度不一，自西向东渐次狭隘，面积约 3.6 万 km²。

但这种划分方式不能准确描述自然地理特征，其内涵盖了由北至南三个地貌差异显著、土地利用类型迥异的典型地区（图 1.1）。其中，北部渭北台塬区气候干旱、土壤潜在侵蚀强度大，是陕西省生态建设和水土流失重点治理区之一；中部关中盆地区土肥地平、灌溉便利，是省内粮棉生产基地和人口、经济文化聚集区；南部秦岭—关山区山高林密，是重要生态屏障，既具有重要的生态功能，也表现出山地生态系统本身的脆弱性[7]。

2. 按地貌特征界定的关中盆地，即关中平原的中部区域。西起宝鸡、东至潼关、北靠北山山前、南依秦岭山前。位于东经 107°30′～110°37′，北纬 33°39′～35°50′之间，包括杨凌区、西咸新区的全部，以及宝鸡、咸阳、西安、渭南四个市的部分区域，东西长 360km，南北宽 30～80km，总面积约 1.9 万 km²。

本研究所指关中平原是指以自然地理特征为依据的第二种地域范围，即中部——关中盆地区，是秦岭与北山之间、三面环山东面敞开的西窄东宽的沉降盆地，海拔 325～900m，西高东低，微向东倾，这里地势平坦、内涝多发。

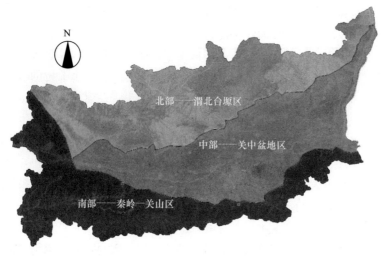

北部——渭北台塬区

中部——关中盆地区

南部——秦岭—关山区

图 1.1　关中平原地貌分区示意图

1.2.2　研究对象

1. 小城镇

我国各领域学者从不同的学科出发，对小城镇概念有多种理解，归纳起来有广义和狭义两种。广义的小城镇包含县城、建制镇和集镇，这一观点强调了小城镇发展的动态性和乡村性；狭义的小城镇是指建制镇，包括县城。

本研究在狭义的小城镇范围内进一步细化，将小城镇研究范围界定为除县城以外的建制镇。之所以选择这样的小城镇概念，将县城排除在研究范围外，是因为县城从规划的编制、审批、管理，到城市功能、定位、规模等都按城市标准来执行，而本研究所指的小城镇则恰恰是不宜模仿城市发展模式的建制镇。

目前，关中城镇群的综合等级层次结构（图 1.2）：第一级为人口超过 100 万的特大城市西安，第二级为人口 50 万～100 万的城市宝鸡、咸阳，第三级为人口 50 万左右的城市铜川、渭南，第四级为人口 20 万～50 万的城市华阴、韩城、兴平，第五级是人口 20 万以下的建制镇。

2016 年，关中城市群城镇化水平 55.59%，是中国城镇化率增速最快的城市群之一。关中平原仅占全省土地面积的 27%，却承载着全省人口的 63%，拥有全省 64% 的城市、40% 的建制镇，国内生产总值为全省的 63%。关中城市群区域城市化水平较高，已形成城镇群发展格局，但发展极化明显，城镇规模等级结构不合理，大中城市数量严重不足，不利于中心城市带动作用的逐级发挥，区域发展不平衡，中等城市数量少、发展水平低；同时小城市、小城镇也因自身规模小，普遍发育较差，从而无法有效带动周边小城镇的发展，城市之间、城乡之间缺乏有效整合，生产要素优化配置和有效流动不畅，城镇群所表现出的综合竞争力不强，发展水平和速度相对滞后，[8]使整个城镇体系缺乏有效的传承和支撑，难以带动城市群的健康发展。

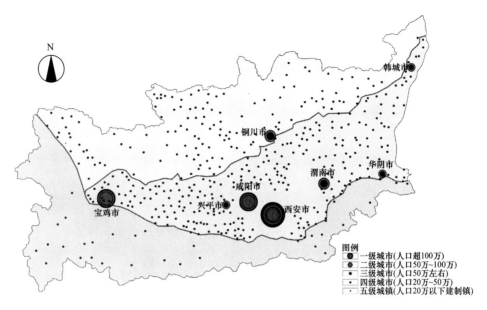

图 1.2　关中城镇群规模等级图

较之国内其他城镇群中的建制镇，关中盆地的建制镇中大型城镇数量少，整体生产力水平较低，经济条件较差，由于经济、技术和人才等多方面的不足，广泛存在着基础设施配套差、数量少、质量低且投资高、绩效差等问题。

本研究对象为关中城市群中第五层级的小城镇，且镇域人口限定在 5 万以下、镇区人口为 1 万~2 万的建制镇（不含县城）。

本研究地理范围为关中平原中部盆地区域（表 1.1、图 1.3），包含四市（宝鸡市、咸阳市、西安市、渭南市）的部分区域、两区（杨凌区、西咸新区）、20 个县、253 个镇（不含县政府所在城关镇）。

关中盆地小城镇（不含县城）数量统计表　　　　表 1.1

宝鸡市		咸阳市		西安市		渭南市		关中盆地
宝鸡市区	11	咸阳市区	0	西安市区	0	渭南市区	15	
眉县	7	武功县	7	鄠邑区	14	澄城县	4	
凤翔县	10	乾县	11	长安区	0	蒲城县	13	
岐山县	9	礼泉县	7	蓝田县	14	合阳县	8	
		兴平市	8	临潼区	0	韩城市	9	
		泾阳县	7	周至县	16	大荔县	17	
		三原县	10	高陵县	7	华县	8	
扶风县	7	杨凌区	3	阎良区	2	华阴市	4	
						富平县	15	
		西咸新区	6	西咸新区	1	潼关县	3	
合计	44		59		54		96	253

（来源：根据相关资料整理）

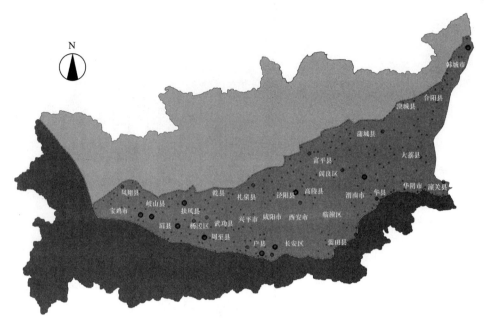

图 1.3 研究区域小城镇（不含县城）分布图

镇是由较大的村落演变形成集镇，进而逐渐发展成为建制镇，与村落有着密不可分的联系。本研究虽然以小城镇内涝问题为切入点，但目的在于探索适应整体生态系统的人类住区的科学建设模式及空间匹配方法，所以本研究对象为镇、村及其所处的自然环境，根据具体研究内容而选择不同层级的研究对象，形成不同层级的自平衡单元。

2. 关中平原内涝灾情

关中平原地区城镇由于地势平坦先天易涝，其内小城镇建设总量大但单个规模小。据有官方报道的资料统计，2005 年以来（按行政界域划分的）关中平原城镇发生内涝灾害 80 余次，其中 3 级以上内涝灾害 43 次，60％以上发生在关中盆地（研究区域）的小城镇新建区内（表 1.2）。

关中平原城镇内涝灾情汇总表　　　　　　　　　　　　　　　　表 1.2

地点	次数	降雨等级	危害程度	内涝等级
宝鸡市	4	大雨 1 次、暴雨 2 次、大暴雨 1 次	城区积水深达 1.5m，山区城镇易发生泥石流	4 级以上
咸阳市	9	大雨 4 次、暴雨 3 次、大暴雨及特大暴雨各 1 次	城区道路、城中村、区县为积水重灾区，深度平均为 0.2～0.3m，多处立交桥下积水	3～4 级
西安市	12	大雨 7 次、暴雨及大暴雨各 2 次、特大暴雨 1 次		3～4 级
渭南市	14	中雨 1 次、大雨 5 次、暴雨 6 次、大暴雨及特大暴雨各 1 次	城区及各乡镇均逢雨即涝，村镇房屋易进水	3～4 级
铜川市	5	中雨 2 次、大雨 2 次、暴雨 1 次	除城区内涝外，大雨及以上均会造成泥石流、滑坡、沉陷等严重灾害	3～4 级

（来源：根据官方报道资料，统计得出。）

1.3 相关名词说明

1.3.1 小城镇内涝与大城市内涝的区别

城镇内涝是指城镇范围内的强降雨或连续性降雨（不包括进入城镇范围内的客水、因给水排水等管道爆管而产生的径流等）超过城镇雨水设施消纳能力，导致地面产生积水的现象[9]。内涝的产生和极端天气现象、地形地势，下垫面结构、管网系统等因素紧密相关。当前，国内大城市内涝得到了社会各界的广泛关注，而量大体小的小城镇内涝却没有得到足够的正视和重视，同时小城镇正在盲目模仿大城市的用地"摊大饼"式扩张和雨水"管道快排"的建设模式，与实际经济发展水平不相符[3]22，导致规划设计、建设施工质量差，更是加剧了内涝灾害的发展程度。如果继续这样发展下去，将演变成为"小城镇大灾难"，所以本研究锁定小城镇内涝为主要关注点，并比较说明小城镇内涝与大城市内涝的差异，以便于进一步有针对性地明确小城镇内涝的空间防控对策。

就内涝积水本身，小城镇和大城市的内涝并不存在本质的区别，但这二者本身的巨大差异，为内涝带来了"先天的不公平"，身处的不同环境导致小城镇内涝和大城市内涝面临的问题不同，也就引发一系列防控思路和措施的差异。

1. 下垫面规模及结构不同导致灾害现象不同

大城市建成区规模大且集中，下垫面硬化程度高，由于大城市建成区底面积大，多层、高层建筑量大，分布密集，大量集中硬化改变了水文循环，使得原本的水循环过程被管网系统和硬化路面加速，引发产流量增加，从而加大了排水系统的压力。内涝相对呈点状、带状在城区多处全面发生，且多发生于立交桥、地铁、地下通道等有明显高差的人工设施的低洼处（图 1.4），而小城镇此类设施较少或没有。

小城镇镇区总规模较小（关中平原小城镇现状镇区面积平均为 $0.5\sim1.0\text{km}^2$），周边植被覆盖率高，建筑多为低层院落式高密度的布局形式，而且小城镇硬化总面

图 1.4 大城市内涝（一）

（来源：https://image.baidu.com/search/indextn）

图 1.4　大城市内涝（二）

（来源：https://image.baidu.com/search/indextn）

积和集中度均小于城市。由于镇区内多为居民自建房，各家都想建得比邻居高，所以小城镇居住用地内竖向设计混乱，使得道路成为镇区内最低洼处，内涝以道路为核心骨架向周边居住院落蔓延，最终呈现面状集中式的状态（图 1.5）。

图 1.5　小城镇内涝

（来源：自摄＋https://image.baidu.com/search/indextn）

从绝对的经济价值角度来看，小城镇内涝灾损程度要小于大城市，但对居民生活的影响是相当的。

2. 排水设施基础不同导致应灾能力不同

排水管网系统设计标准和理念的不足，以及使用和维护的不当也是城镇内涝灾害爆发的重要原因之一。

目前，大城市排水管网系统存在的问题有：①设计标准低，普遍采用1~3年重现期的排水标准，且以下限为准；②更新扩容难，新区发展直接将自己的管网系统接入原有市政管网体系，但是原体系的排水能力却没有增加，使得排水压力剧增；③维护使用乱，管网是城市的静脉，需要定期维护和保养，但是目前这一工作还严重不到位，大量沉积物积累在城市雨水管网管道内，导致排水不畅。虽然大城市管网存在以上主要问题，但仍优于小城镇排水设施的整体水平。

小城镇镇区道路基本实现全面硬化，但雨水管道却没有实现全覆盖，在低质量模仿大城市的过程中，管网等排水设施存在以下问题：①规划设计不合理，现状小城镇排水设施规划设计的编制水平普遍较低，且基本套用城市模板，简单修改基础数据，思路及方法都以"管道快排"为主，为空间规划配管道，正在走大城市已经意识到的需要改正的错误道路；②建设施工低质量，当前小城镇排水设施建设过程中，实际敷设的管径偏小、管道材料偏差，这已成为不争的实情，使得排水设施在暴雨时不能发挥应有的作用；③排水设施不完备，由于各种原因，导致当前小城镇管道仅敷设在主要道路下，每个镇区仅有1~2条雨污合流的排水管道，原有涝池等储水设施又被大量废弃，使得小城镇排水设施很不完备。

小城镇排水设施基础条件明显落后于大城市，当面临同样的降雨条件时，小城镇内涝发生的概率要高于大城市；当内涝已经发生时，小城镇承灾的能力要低于大城市。

3. 经济条件不同导致治灾手段不同

经济发展水平的差异，为小城镇和大城市在面对内涝问题时提供了不同的平台。同时，大城市发生内涝时，由于受灾人数多，受关注度高，加之经济实力雄厚，可以采用的内涝整治措施相对较多，使得内涝得以解决的速度相对较快。目前普遍采用的方式就是管网改造以及"海绵城市建设"，这两种方式都需要极大的财力支撑。大城市是一个复杂的巨系统，多重因素叠加后，产生大量的城市病，进而导致内涝这一城市水循环功能性障碍的爆发式出现，其原因极其复杂。因此，大城市适合走"灰绿"结合，以"灰"为主的道路。管网高标准建设和改造仍是解决城市内涝问题的根本手段之一，但这种方式耗时耗力，成本巨大。"海绵城市建设"是其有益的补充，是存量规划阶段大城市更新改造过程中重要的思路和方法。

反观小城镇，不仅经济条件十分有限，而且设计、施工质量均不容乐观，这也是客观现实。小城镇模仿城市的管网系统尚未保质保量地建成，对排水管网的改造就更加不现实。此外，"海绵城市建设"的思路和技术在小城镇内也是难以全部落实，财力有限是重要原因之一。

发展中的小城镇较之大中城市，具有总体规模较小、土地资源较充沛、城镇可塑性较强的优势，因而，调整起来更为灵活，可用于城镇雨水存蓄的空间更多。同时，小城镇的职能和结构相对清晰，涉及的影响因素更易梳理，绿色水基础设施规模和技术相对容易实现，借助模型模拟及设施配置可快速解决问题，使得内涝防控措施建设周期较短、见效更快。[3]22 因此，小城镇适合走"灰绿"结合，以"绿"为主的道路，排水管网系统与绿色水基础设施共同发挥作用，才能经济高效、低技高质地解决小城镇内涝问题。

1.3.2 小城镇内涝自平衡模式与海绵城市建设的异同

1. 海绵城市建设

"海绵城市"，是指城市能够像海绵一样，在适应环境变化和应对自然灾害等方面具有良好的"弹性"，下雨时吸水、蓄水、渗水、净水，需要时将蓄存的水"释放"并加以利用。海绵城市建设遵循生态优先等原则，将自然途径与人工措施相结合，在确保城市排水防涝安全的前提下，尽最大可能实现雨水在建设区内的渗透、存蓄以及净化，重视并实现雨水资源的价值，从而进一步推动生态环境保护。在建设过程中，统筹自然降水、地表水和地下水的系统性，协调给水、排水等水循环利用各环节[5]4。海绵城市可以看作是 BMP、WSUD、LID 等雨洪管理理论及技术措施的中国化体现。

海绵城市的建设途径主要有以下几方面：一是对城市原有生态系统的保护。最大限度地保护原有的河流、湖泊、湿地、坑塘、沟渠等水生态敏感区，留有足够涵养水源、应对较大强度降雨的林地、草地、湖泊、湿地，维持城市开发前的自然水文特征，这是海绵城市建设的基本要求。二是生态恢复和修复。对传统粗放式城市建设模式下，已经受到破坏的水体和其他自然环境，运用生态的手段进行恢复和修复，并维持一定比例的生态空间。三是低影响开发。按照对城市生态环境影响最低的开发建设理念，合理控制开发强度，在城市中保留足够的生态用地，控制城市不透水面积比例，最大限度地减少对城市原有水生态环境的破坏，同时，根据需求适当开挖河湖沟渠、增加水域面积，促进雨水的积存、渗透和净化。[5]4

2. 小城镇内涝自平衡模式

基于关中平原小城镇快速发展过程中的内涝客观问题、自然地理环境和建设经济条件，提出小城镇内涝自平衡模式，目的在于探索一种针对小城镇雨水消纳问题的空间应对方法。这种空间布局方法通过对镇区、片区、院落不同层面空间布局进行优化，辅以生态化的绿色基础设施，从而生态、经济地解决关中平原小城镇三季干旱缺水和夏季内涝成灾并存的现实问题，使雨水、积水、用水这三个相关的要素，在空间和时间两方面达到大致均等的"平衡"状态，减少引入和排出的水量，使雨水资源在小城镇内部实现微循环、自平衡。

小城镇内涝自平衡模式以小城镇内涝问题为切入点，以生态文明建设为指导思想，是一种基于对外延增长式城镇发展模式的反思而进行的城镇空间模式的探索，试图通过解决内涝问题进而优化城镇空间结构，是对当前小城镇建设模式的有益补充。

3. 内涝自平衡模式与海绵城市的相同之处

首先，海绵城市的建设目的在于提升城市生态系统功能和减少城市洪涝灾害的发生，与本研究减少小城镇内涝灾害发生，提升小城镇空间环境品质和风貌特色的目标相近。其次，海绵城市对水资源利用的态度是尽可能实现雨水在人工建设区域内的存蓄和再利用，对本研究有一定的启发作用。最后，海绵城市在源头、中途和末端的雨水消纳措施，可以看作各种低影响开发设施的灵活运用，这些设施经过本土化改进后可以适用于小城镇。

4. 小城镇内涝自平衡模式与海绵城市建设的不同之处

思路不同：海绵城市是基于原有城市空间结构，在测算清楚各片区的容水体积后，以低影响开发理念及其技术为支撑，配置不同的 LID 设施，对城市下垫面进行局部的更新改造，最终满足该城市所在地区年径流控制率所提出的目标要求，实现雨水在城市区域的积存、渗透和净化。可以说，海绵城市建设并未直接撼动城市空间结构。而小城镇内涝自平衡模式是以小城镇空间格局为着眼点和目标点，希望首先以小城镇空间本身实现消纳的目标，其次借助本土的绿色基础设施，最后再辅以灰色管渠系统，从而生态、经济地实现灾害和资源的错时平衡。

和现行法定规划的关系不同：海绵城市建设作为一个专项规划，与城市总体规划和控制性详细规划等法定规划存在的是衔接关系，而小城镇内涝自平衡模式则是镇规划模式的一种补充，其本质是从空间结构上为小城镇提供一种规划指引，不仅仅只是匹配衔接关系。

侧重的适用对象不同：海绵城市建设，新区、旧区都可以，并以旧区改造为重。小城镇内涝自平衡模式更多的是适用于小城镇新建区。

涉及内容广度不同：海绵城市包含水质和水量两方面的内容，如水生态、水资源、水安全、水环境等，而本研究限于专业领域和研究能力的制约，目前仅注重了水量方面的问题。

1.4 国内外研究现状

1.4.1 国内研究现状

本研究分两个层面进行国内研究现状的梳理，首先是城市化、城市规划与城市内涝灾害产生的关系及防控策略，在这一层面通过核心期刊论文和相关专著资料的整理，了解国内外学者对于城市发展和内涝致灾机理关系的研究成果；然后是针对小城镇的生态规划、内涝灾害防治、雨水利用、低影响开发雨水系统构建等方面的研究，在这一层面进一步缩小范围，锁定小城镇这一明确的对象，通过核心期刊相关学术论文梳理其基于雨水管理角度的规划研究成果。最后对相关国家基金科研项目进行梳理，了解国内学者正在从哪些方面着手研究，及其预期可能解决的问题，以便于调整本研究的重点。

由于第一层面关注的对象为城市，与本研究对象小城镇有一定的差异，故在此层面进行一般性的归纳总结工作；再针对小城镇的第二层面进行深入的梳理分析和量化研究，借助两个软件——Citespace 软件进行可视化分析和 SPSS17.0 进行聚类分析，完成这一部分的相关整理分析工作。Citespace 软件可以可视化地显示一个学科或知识域在一定时期发展的趋势与动向[10]，这样就能直观捕捉相关研究领域的热点话题、重要学者和研究机构，还能展示出特定时间跨度内，新研究话题的突然激增情况，形成若干研究前沿领域的演进历程。SPSS17.0 的聚类分析可以将共词矩阵的网状关系简化为数目相对较少的若干类群之间的关系，并以树状图展示，从而直观地揭示出小城镇内涝防控规划研究发展的现状。

1. 城市化、城市规划与城市内涝灾害产生的关系及其防控策略

国内对城市内涝的研究主要集中在近十年以内，尤其 2010 年以来，大城市发生城市内涝灾害的问题日益严重，学术研究也逐渐增多。国内主要从建筑科学与工程、水利水电工程、气象学、安全科学与灾害防治等学科对城市内涝问题展开研究[11]。本部分研究主要梳理了城镇化与内涝灾害之间的关系、内涝防治等方面的政策和相关研究成果。

① 城市规划与城市防灾

在这一领域中，北京师范大学史培军教授及其团队在中国城市地震灾害、城市洪涝灾害、城市灾害风险评价等方面进行了深入研究[12]。金磊在城市灾害学理论与实践领域进行了深入的探索，针对城市灾害的各个层面进行了细致深入的研究，如工业灾害、城市人为灾害的减灾对策等，并对城市综合防灾规划提出了相应的学术观点[13]。高庆华分灾种、分区域对我国防灾减灾能力进行了全面的研究[14]。华南理工大学吴庆洲教授对中国古代城市的防灾选址、唐代长安城的防洪等进行了开拓性的深入研究，并致力于城市与工程减灾的相关基础问题探索[15]。

② 城市化与内涝灾害

在城市化与城镇灾害的相关研究领域内，我国的很多专家和学者研究的重点主要从城市发展战略、资源与环境等角度，探讨快速城市化中的城镇问题，并从内涝灾害和环境生态保护与污染防治等角度，论述了城镇化与内涝灾害防治问题。

许有鹏分析并提出了平原区洪涝淹没模拟计算及流域洪水风险图系统的制作方法[16]。姜德文探讨了中国城市化进程中的内涝灾害频发原因，提出了预防和遏制城市内涝的综合措施[17]。胡盈惠从城市规划、城市建设、政府管理等方面，提出了城市内涝的防治对策[18]。俞孔坚运用 GIS 和空间分析技术，对北京市水文、地质灾害等进行了系统分析，提出城镇空间发展预景和土地利用空间布局的优化战略[19]。重庆大学李旭等回溯我国数千年的治水历程，通过剖析典型案例，总结成功经验，探讨对现代城市建设的启示，认为主动协调"人"与"水"的关系，统筹考虑，因势利导，调蓄洪旱，才是城市"治水"之策[20]。余年、张颖夏、任

心欣、丁年、张颖夏等国内外多位学者、工程师引入并实践低影响开发（LID）的雨洪管理理念，探讨了应用 LID 技术缓解城市水环境危机、促进城市可持续发展的策略与方法。尹占娥、石勇、权瑞松、张振国分别从城市自然灾害风险、城市面对灾害的脆弱性、典型沿海城市暴雨内涝、城市社区暴雨内涝等角度进行了风险评估研究[21]。王通以雨水内涝问题为研究对象，通过雨水内涝原因、雨水控制单元理论、雨水控制指标体系、雨水量化模拟和雨水控制专项规划等内容来展开对雨水问题的研究[22]。

③ 城市内涝模型研究

基于水文学的城市内涝模型，理论成熟，应用广泛，计算方便，对数据的时间和空间数度要求不高，不足之处在于把城市地表划分为子汇水区域，而中小规模城市汇水区域之间的分界在现有理论支持下很难准确划分[23]。

徐向阳等在对城市排水系统产汇流特性分析的基础上，采用水文学与水力学相结合的途径，建立了城市地面积水模型[24]，并借助 GIS 功能动态地演示地面积水的涨消过程，为制定城市防汛减灾对策和措施提供水情及涝情信息[25]~[27]；解以扬等人以城市地表与明渠、河道水流运动为主要模拟对象，研制了模拟城市暴雨内涝积水的数学模型，并在天津市、南京市、南昌市进行了应用[28]、[29]；清华大学规划院在 SWMM 模型的基础上提出了 Digital Water 模型，为城市排水管网数据处理和管网建模提供了一整套的解决方案[23]33、[30]、[31]。

④ 城市内涝防控相关政策

国务院办公厅、住房和城乡建设部等部门先后颁布了一系列相关文件，以期尝试有效解决城市内涝灾害问题，包括国办发〔2013〕23 号文《国务院办公厅关于做好城市排水防涝设施建设工作的通知》（2013.03.25）、住房和城乡建设部印发的《城市排水（雨水）防涝综合规划编制大纲》（2013.07.13）、国发〔2013〕36 号文《国务院关于加强城市基础设施建设的意见》（2013.09.16）等，并在《住房和建设部城市建设司 2014 工作要点》中明确提出"海绵城市"的概念，以应对频发的城市暴雨内涝问题；2014 年 5 月 12 日，新修订的国家标准《室外排水设计规范》GB 50014 首次明确城镇内涝防治设计标准；2014 年 8 月 18 日，按住房和城乡建设部要求由上海市政工程设计研究总院会同有关单位编制的《城镇内涝防治技术规范》（征求意见稿）已完成；2014 年 10 月，住房和城乡建设部颁布《海绵城市建设技术指南——低影响开发雨水系统构建（试行）》等。另外，由财政部、住房和城乡建设部和水利部联合启动的 2015 年中央财政支持海绵城市建设首批试点城市已评选出，西咸新区成为西北地区首个"海绵城市"建设试点。

2. 小城镇的生态规划、内涝灾害防治、雨水利用、低影响开发雨水系统构建

本研究梳理了 1980~2017 年城乡规划建设领域内与小城镇相关的文献，发现从 1999 年起，对小城镇的研究逐渐增多，2009 年小有回落，2013 年又开始稳中有增（图 1.6）。

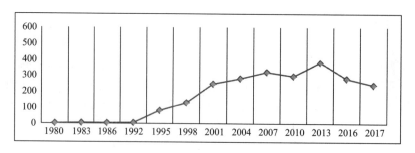

图 1.6 1980～2017 年小城镇论文发表数量年度趋势示意图

本研究进一步选取小城镇研究较多的 2000～2017 年，从文献时间分布、研究热点、研究前沿和研究内容 4 个方面切入，利用 Citespace 软件将 Web of Science、CNKI 知网数据库中近 18 年间关于小城镇生态规划、内涝防控的 229 篇论文进行可视化分析。研究发现：在 2010 年前关于从小城镇雨水管理角度出发的规划研究的相关文献较少，2010 年后尤其 2013 年后文献数量有显著增加，这与小城镇建设和"海绵城市"的提出和全面推进有很大关系。经分析和对比，从数据处理的结果来看，小城镇规划研究的内容较为分散，体现出了 2000～2017 年对小城镇规划的研究趋势（图 1.7）。

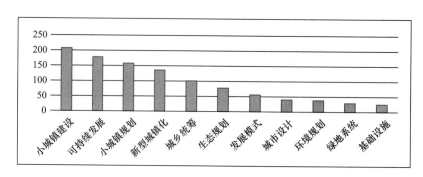

图 1.7 1980～2017 年关于小城镇的论文关键词分布示意图

分析某个学术领域关键词的聚合，可以揭示其内容总体特征以及研究内容之间的内在联系等，并窥斑见豹摸清该领域学术研究的发展脉络和发展方向[32]。利用已采集的文献数据库的关键词，来确定"小城镇建设"的研究热点。将相关数据源输入 CiteSpace 软件中，时间分割为两年，网络节点为关键词（Keyword）[33]，得到由关键词和名词短语生成的聚类视图（图 1.8）。但已有研究主要集中于可持续发展、生态规划、城乡统筹、环境规划、绿地系统、基础设施等方面，其研究重点和方法适用于大中城市，针对小城镇内涝的专门化研究较少。

进一步借助 CiteSpace 软件，分析词频随时间的变化趋势，进而确定研究发展趋势（图 1.9）。由图可知对于小城镇的研究从一般的规划，逐渐聚焦于生态环境规划方面。结合本研究的主要内容，最终选取"小城镇生态规划"、"小城镇基础设施"作为主要分析方向，具体落在小城镇生态规划、小城镇内涝灾害防控、小城镇雨水利用三个要点上。

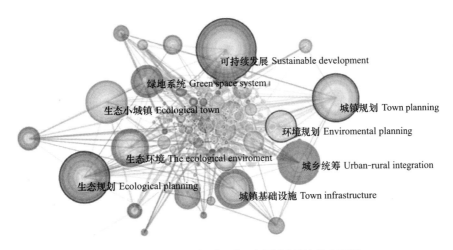

图 1.8 小城镇生态规划主要研究领域和研究热点图谱

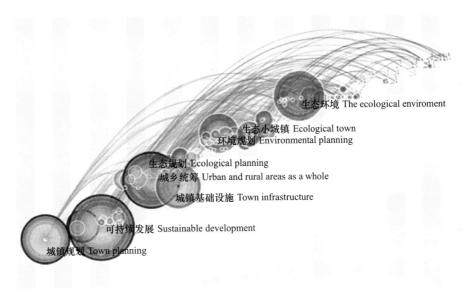

图 1.9 小城镇生态规划研究前沿时间序列分析图谱

① 小城镇生态规划

18 世纪中叶以来直到 21 世纪，基于工业文明的社会大发展和城市快速膨胀的发展模式难以为继，且已经使得城市生态环境问题成为城市可持续发展面临的严峻挑战，主张"人与自然和谐共处"的生态文明已成为全球的共识。

在我国，费孝通先生是较早关注小城镇生态环境问题的学者，通过大量的调查分析，于 1984 年提出了"小城镇，大问题"的论断，呼吁"及早重视小城镇的环境问题"[34]。此后，小城镇的生态环境研究逐渐成为国内学者的研究重点之一，目前，在我国小城镇生态环境研究方面，仍处于起步阶段，当前可持续发展、生态规划、生态小城镇、城镇基础设施是研究热点。王如松等认为："生态规划就是要通过生态辨识和系统规划，运用生态学原理、方法和系统科学手段去辨识、模拟、设计内部各种生态关系，探讨改善系统生态功能、促进人与环境持续协调发展的可行的调控政策[35]。其本质是一种系统认识和重新安排人与环境关系的复合生态系统规划。"[36]~[38]生态规划是实现生态系统的动态平衡、调控人与环境关系的一种规划方法。王祥荣认为，生态规划应不仅限于土地利用规划，而是应以生态学原理和城乡规划原理为指导，应用系统科学、环境科学等多学科的手段辨识模拟和设计人工复合生态系统内的各种生态关系，确定资源开发利用与保护的生态适宜度，探讨改善系统结构与功能的生态建设对策，促进人与环境关系持续协调发展的一种规划方法[39]、[38]。欧阳志云从生态用地识别和划分、将生态用地融入土地利用分类体系、生态用地管理措施和对策三个方面，探讨了生态用地规划和管理的方法与措施[40]。

相关研究主要是针对一些典型区域的经济、社会、资源和环境的综合研究，如结合技术层面的环境策略研究[41]。根据中国城市科学研究会的调研成果，于立指出中国生态城镇建设针对小城镇，特别是对现有小城镇进行生态化的规划，促进其生态经济发展的并不多见，生态小城镇的建设需要走低成本、重实效、防灾害的道路[42]。

② 小城镇内涝灾害防控

我国小城镇对灾害的管理起步比较晚，开始于20世纪70年代，针对小城镇内涝灾害的研究也相对较少，缺乏应有的重视。

张怡以商丘为例研究分析了其强降水演变、城市化发展和雨岛效应等多种要素对内涝灾害的影响，为内陆平原中小城市的内涝趋势与防控做出一些分析及建议[43]。倪丽丽、曾坚结合对城市暴雨特征、内涝灾害根源的分析，揭示了城市化对城市暴雨内涝灾害的影响，进而通过对城市暴雨内涝灾害系统的拆解分析，梳理了承灾体特点，突出了城市环境对致灾因子危险性及承灾体脆弱性的作用[44]。李正晖以天津市某生态小城镇为研究对象，在深入研究SWMM暴雨管理模型的基础上，根据研究区域的地形、汇水特点、排水分区、排水路线等，对其汇水区、雨水井、雨水管网系统进行概化，建立了SWMM雨水径流模型[45]。陆叶从可持续雨洪管理的角度，对基于可持续雨洪管理导向下的小城镇公共空间特征，提出各类型小城镇公共空间的整体规划策略[46]。

③ 小城镇雨水利用

虽然国内对于城市雨水管理的研究仅有三十多年，低影响开发理论也是新进引入的，但对雨水问题的关注却由来已久，并在诸多方面展开了相应的研究。目前，北京、上海、大连、哈尔滨、西安等许多大城市相继开展研究，特别是北京的雨水利用研究较早，并与国外开展了合作项目，已发挥了社会、经济、生态效益[47]。

周国华等针对西北地区城市雨水利用问题，从雨水集蓄利用系统、雨水管网（沟）传输渗透系统、景观水体雨水利用系统等三方面提供了可采取的技术措施建议。邹晓雯从管理角度指出需基于海绵城市建设需求，完善雨水利用法律法规体系和规章制度，明确雨水利用的规划范围、审查主体、审查程序等，修订雨水利用的规划、设计、施工等技术导则[48]。刘永琪以通州西集镇雨水控制利用规划实践为例，探讨了小城镇低洼内涝地区排水规划及雨水利用的新思路[49]。

我国城市雨水管理的具体技术措施方面与西方发达国家相比还存在着一定差距，城市现有雨水工程设施基本依靠市政管网快排，缺少对于城市雨水系统化、资源化的研究，也就很少有体系化的工程设施建设。针对小城镇的雨水利用研究更是匮乏，仅在比较缺水的地区有简陋的小型雨水利用设施、局部的雨水集流利用工程。

3. 相关科研项目

天津大学闫凤英教授、曾坚教授与西安建筑科技大学雷振东教授合作在研的重点项目"快速城镇化典型衍生灾害防治的规划设计原理及方法"（51438009），以防控快速城镇化过程中不良建设所衍生的灾害为对象，研究有效防控这些灾害的规划设计原理，建构基于数字技术的规划防灾设计方法，同时探索防灾规划管控理论和规划设计标准。本研究是该重点项目的重要子课题之一，已申报并获准2016年度国家自然科学基金青年科学基金项目"关中平原小城镇内涝自平衡模式与空间匹配方法研究"（51508441），本书是该项目的成果之一。

同济大学刘滨谊教授倡导了可持续的防灾理论，提出了城市空间的微气候控制方法及生态景观调控机制，并建立了典型区位的景观规划理论及优化方法体系[50],[51]，同时主持"黄土高原干旱区水绿双赢空间模式与生态增长机制研究"（51178319）。同济大学刘颂教授主持并完成了"小城镇绿地与城镇发展空间耦合研究"（51078279），针对不同类型小城镇的发展特征和空间发展趋势，提出绿地空间的耦合模式及生态优化途径。东南大学王建国教授在城市的可持续性设计领域进行了深入的研究，主持并完成"基于可持续发展准则的绿色城市设计理论与方法研究"，提出了绿色的城市规划设计方法体系和低碳城市规划设计理论等，并在大尺度城市空间形态演化层面提出了相应的城市设计演化机理和优化控制方法等。2011～2013年，北京大学俞孔坚教授主持并完成了"全球气候变化背景下中国城市水适应能力建设的景观途径"（51078004），对国内外水适应思想、工程、技术遗产在聚落选址、水资源管理、城市形态等方面进行了系统梳理；基于水系统弹性理论构建了包括恢复性因子、敏感性因子、脆弱性因子的三维城市内涝弹性评价体系[52]。天津大学曾坚教授主持并完成"基于信息技术的滨海城市高密度人口集聚区综合防灾理论研究"（51078256），应用数字化测绘技术、空间信息技术、物理环境模拟技术等高新技术手段，分析滨海城市生态灾害与空间规划的关系，系统地建构了滨海城市高密度地区综合防灾规划理论。2008～2010年，天津大学龚清宇教授主持并完成了"面向城市流域生态改善、水旱减灾的多尺度空间规划对策与关键指标"（50778124），基于空间分辨率分m级至亚m级的10km²、100km²、1000km²三个典型尺度，探求了从流域至集水单元的多尺度一体化规划设计方法[53]。2010～2012年，哈尔滨工业大学徐苏宁教授主持并完成了"应对特殊气候变化的寒地城市基础设施规划研究"（50978065），从刚性与弹性两个方面研究应对特殊气候变化的城市基础设施规划的对策与方法。西安建筑科技大学王军教授主持并完成了"生态安全视野下的西北绿洲聚落营造体系研究"（50778143），对西北绿洲聚落传统营造技术进行了改造、优化与集成，寻求实现绿洲人居环境可持续发展的聚落营造适宜模式。中国科学院水利部水土保持研究所黄明斌研究员主持并完成了"黄土高原综合治理对流域水循环的影响研究"（50079023），提出了黄土高原小流域在有限水资源条件下林草植被的合理布局原则；徐学选研究员主持并完成"黄土丘陵区生态建设在小流域尺度的水文响应研究"（40471126），其针对黄土丘陵区降水、径流与土地利用方式之间关系的研究方法及成果对本研究有启示作用[54]。

此外，一系列在研项目立足于不同的地域环境，殊途同归地探索 LID 的地域化应用方式，体现了在新形势下落实生态化、可持续规划设计理念的重要性、迫切性：例如清华大学刘海龙教授"基于景观水文理论的我国城市雨洪管理型绿地景观设计方法研究"（51478233），贾海峰教授"城市降雨径流控制 LID-BMPs 适用措施布局优化及实证研究"（51278267），杨冬冬"城市生态化雨洪管理型景观空间规划策略研究"（51308318），三位老师以不同的切入点，对城市雨洪管理型绿地等空间展开生态化的景观规划设计方法的研究；哈尔滨工业大学董禹"基于寒地气候条件的低冲击城市开发策略研究"（51208137），立足寒地气候研究低影响开发（Low Impact Development，LID）的地域化应用策略；西安建筑科技大学李榜晏"基于生态评价的黄土丘陵区雨水景观系统及其适应性设计方法研究"（51378423），针对黄土丘陵区对雨洪资源进行生态评价，并探索其适应性设计方法；重庆大学颜文涛"基于水环境效应的山地城市用地布局生态化模式——以重庆市为例"（51278504），赵珂"基于生态水文过程的山地城市水空间规划方法研究"（51478056），针对山地城市特点，关注水在城市生态化规划过程中的作用和布局模式。

4. 相关实践案例

在工程实践方面，随着生态文明和低碳城市理念的不断推行，越来越多的城市开始应用 LID 技术于城市建设中。其中，既有涵盖城市尺度层面上的雨水规划建设，例如北京昌平未来科技、大连生态城、宁波东部新城、深圳光明新区等城市新建城区，也有大型居住区层面上的雨水收集规划和深圳大学土木工程学院 LID 花园等小尺度环境。目前，国内的 LID 雨水管理体系涵盖了各个尺度层面，但还是以较小尺度的应用为主，而且多用于较为重要的公共设施和公共建筑中。[55]

陕西省西咸新区较早将低影响开发模式应用于城市建设，并着手研究了本土化海绵城市规划导则及建设技术。西咸新区内的沣西新城采用 LID 模式建设道路、公园、单体建筑等，以积极的建设措施来充分利用雨水资源、防治内涝灾害，目前初步建成一些试点工程。

本研究着重基于可持续发展理论的持续性、需求性、高效性这三大原则拓展相关工作，从以下几方面指导小城镇的规划建设：小城镇大多地处城乡接合部，作为自然环境与人工环境交织的区域，其建设必须重视自然环境的保护，应立足于资源条件，建立低能耗、少污染、高附加值的生态发展体系；合理进行小城镇空间结构、用地布局的规划。建设用地方面需要理性确定居住用地规模、类型及分布，严格保证绿地比例；非建设用地方面则要保留城镇郊区的农田，保护湿地并尽量扩大林地等生态绿地面积，使之成为小城镇的绿色生态大背景；小城镇建设过程中，要避免过度开发及粗放开发，尽量不破坏自然山水格局，保留城乡之间的天然绿色通道；小城镇水基础设施建设要基于客观条件、合理需求来选择方式，进而确定规模，并强调通过体系及设施的设计对水资源（尤其是雨水资源）的充分循环利用。

1.4.2 国外研究现状

1. 城市化与城镇灾害方面的研究

联合国曾将"城市化与灾害"作为 1996 年 10 月"国际减灾日"的主题。由于欧美等发达国家较早地完成了城市化的进程，在 20 世纪 60 年代，一些学者就从水文系统、城市降雨等角度，探讨城市化对城镇灾害的影响。Lee 等以迈阿密为例，基于对部分地区的调查分析，研究区域内人工建设的不透水面积对暴雨径流系数、峰值和总量的影响。[56] 1965 年 Espey 等对城市化带来的径流变化作了较为深入的研究，提出城市化导致洪峰流量及径流总量增加的结论并得到证实。Vogel 指出城市地表可以改变降雨的时空分布特征。1972 年，Huff 等人经过分析圣路易斯多年的降雨数据，发现人工建设区的月平均降水量和频率均比建成区周边区域高。[57] 美国爱德华兹维尔对未城市化前的降水量与城市化后的降雨量进行了对比，得出城市化后降水量比城市化前大。[58] 美国 Vija P. Singh 教授认为城市化导致城市的雨量将会增多 5%～10%。[59]

2. 雨洪管理方面的研究

20 世纪 70 年代以来，针对城镇化引发的洪涝灾害频发，各国反思传统的末端治理思路，转向关注雨水源头控制，形成了一系列径流源头控制及治理的相关理论：英国的"可持续城市排水系统"理论；美国的"暴雨径流最佳管理措施"及后来发展形成的"低影响开发模式"以及澳大利亚的"水敏感性城市设计"等。这些理论的出发点都是提高对分散源头的管理控制，从而实现雨水基础设施源头化、分散化的特点。这些理论及方法从技术手段及雨水基础设施角度为本研究提供了参考。

① 低影响开发（LID）理论

低影响开发（Low Impact Development）是指采用源头控制理念来实现雨水控制和利用的一种雨水管理办法。[60] 低影响开发设施在美国被称为 21 世纪的绿色水基础设施，其核心思想是采用源头控制、分散措施的方式进行场地开发，以实现对场地内径流总量、峰值等水文特征维持开发前的状态。[61]

1990 年，美国马里兰州的乔治亚王子郡首先提出 LID 理念并进行了实践，在居住区的临街住宅配置雨水花园[62]。2000 年，美国环保局出版《低影响开发文献综述》，在世界范围内以专著的形式对 LID 理念和技术进行总结和推广[63]。2006 年第五届世界水大会上，王建龙、车伍等人介绍了低影响开发和绿色雨水基础设施，LID开始为国内研究人员所了解。2011年，我国《室外排水设计规范》里将LID理念与技术作为雨水综合管理的新思路[55]55。

LID作为一门新兴的雨水管理技术，与复杂、昂贵的雨水工程策略不同，低影响开发结合自然水文特性，借助绿地、原生景观和其他技术来实现已开发用地上地表径流的最小化，是简单有效的雨水管理策略[22]47。历经30年发展，LID由雨水管理和控制向场地设计以及土地利用开发和规划的全过程方向扩展，进而发展形成一套全新的以水文学、水文生态学为框架的城市规划理论与方法。[64]其理论目标从维持场地开发前的水文环境和地表、地下水质控制，逐步向对场地水生生命资源、生态系统的完整性，以及受纳水体生态系统的完整性，进而向自然资源、生物资源和生态环境的保护方面扩展[55]56。

低影响开发有五个核心设计理念[65]：①以现有的自然生态系统作为场地分析与规划的综合框架；②从源头进行雨水控制；③利用简单以及非结构性的方法控制雨水径流；④创造多功能的景观与基础设施；[55]56⑤注重教育与维护。

LID技术措施包含两种措施：非结构性措施和结构性措施[66]。其中非结构性措施，包括政策措施和场地规划设计措施，即通过与景观设计、城市规划等学科结合，将街道、建筑、绿地等进行合理的规划布局。结构性措施是通过小型落地辅助设施将雨水回收利用起来进行雨水的量化控制，包含湿地、生物滞留池、植被过滤带、草洼地（与植被缓冲带）、绿色屋顶、屋面落水管分流和旱井、可渗透铺装和雨水径流分流装置以及其他设施。[55]56

低影响开发理论的核心理念其实在中国传统营建智慧中早已存在，只是在西风渐盛的所谓"现代化"的过程中，这些"理水善用"的传统多已被淹没了。本研究中的小城镇内涝自平衡模式将以系统论的方法确定研究逻辑，以绿色基础设施的原则为指导，以我国传统智慧新传承和低影响开发的技术为支撑，以源头处理雨水的方式进行雨水径流控制，通过空间的手段来实现对自平衡单元内雨水径流的量化控制。

② 可持续城市排水系统（SUDS）

可持续城市排水系统（Sustainable Urban Drainage Systems）是英国政府为解决城市传统排水体制产生的洪涝多发、污染严重和环境破坏等问题[67]而提出的一种新型排水理念，引入了可持续发展的概念和措施。[68]强调对自然生态系统和水环境的保护，从源头开始减少雨水径流量，通过稳定塘、人工湿地等生态处理系统对雨水和污水进行净化处理，并对雨污水进行资源化利用[69]。这个理论设想最早应用于英国的城市排水系统，但其发展并不局限在城市范围内。

SUDS的目标是：降低污水处理厂的负荷、防止污染、控制泛滥、补充地下水、恢复湿地生境以及提高康乐价值。SUDS通过收集、存储、再利用雨水和地表水的相关技术手段，来低成本地实现对环境低影响的目标。

图1.10显示出传统的城市排水系统与SUDS的关系。SUDS由以排放为主的传统排水系统转变为维持良性水循环高度的可持续排水系统，在设计时综合考虑径流的水质、水量、景观潜力和生态价值。[70]

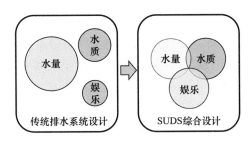

图 1.10 传统排水系统设计与 SUDS 综合设计的关系

（来源：车伍，吕放放，李俊奇，李海燕，王建龙. 发达国家典型雨洪管理

体系及启示［J］. 中国给水排水，2009，25（20）：12-17.）

"管理链"是设计 SUDS 的最基本的概念：即运用一系列技术尽量控制和管理地表水流量。[71]SUDS 体系的技术措施可以分为预防、源头、场地和区域控制四种，这些技术和措施相互配合贯穿于整个雨水的管理链。[70]14

①预防：指首先应通过合理的场地设计安排竖向标高，引导地表水流向适当的方向。同时应考虑场地中水流通过污染源（如停车场等）时可能带来的污染。雨水需要在净化处理后再排入地下或管道。②源头控制：指控制好水源附近的存储、排放和调节。例如雨水从屋顶花园收集后可用于灌溉场地内植物，暴雨时多余水量可排入场地内小湖，过滤后渗入地下。③场地控制：指控制好一个项目用地范围内的排水设计。例如场地内多个暴雨平衡湖之间的关系，场地中所有雨水的引导等。④区域控制：指通过管理一定区域内的多个项目（如城市中的某个城区或整个城市）控制排水的组织、平衡、净化和利用。[71]126

该系统从可持续发展的角度提出雨污水减量化、资源化和生态净化，侧重保护和改善水的质量。

英国著名学者麦克哈格研究了河谷地区洪泛区城市不同土地利用对排水的影响，强调设计应该结合自然[72]。凯文·林奇对自然雨水系统解决人工排水系统的一些问题进行论述，推荐采取分级集水区蓄排结合的方式削减雨洪峰值[73]。美国著名学者威廉·M·马什详细研究了暴雨水的管理问题，并对绿色（生态）基础设施在暴雨管理中的应用与生态学实现途径进行了介绍[74]。英国著名学者乔纳森·帕金森和丹麦著名学者奥尔·马克在充分对城市排水系统面临的问题进行剖析的基础上提出了城市排水系统设计的生态途径[75]、[76]。英国学者斯鲁巴登领衔，由 9 个国家的 20 余家科研院所和高校的专家参与的欧盟 FP7 项目"城市雨洪灾害与应对能力研究"（Collaborative research on flood resilience in urban areas，COR-FU）系统地研究了城市气候变化和城市化进程对城市雨洪的影响、城市雨洪风险分析，以及城市应对雨洪的能力、恢复力和战略对策。[77]、[78]

国外发达国家城市排水一般都有两套系统。即小排水系统（Minor System）和大排水系统（Major System）。小排水系统主要针对城市常见雨情，设计暴雨重现期一般为 2～10 年一遇，通过常规的雨水管渠系统收集排放；大排水系统主要针对城市超常雨情，设计暴雨重现期一般为 50～100 年一遇，由隧道、绿地、水系、调蓄水池、道路等组成，通过地表排水通道或地下排水深隧，传输小暴雨排水系统无法传输的径流。该系统也可以称为城市内涝防治体系，是输送高重现期暴雨径流的排水通道。也有的国家将大小排水系统称为"双排水系统"。[79]

传统的管道系统一般只解决小重现期的暴雨径流，要解决高重现期暴雨内涝问题，解决超管渠设计标准的雨水出路问题，必须构建大排水系统，或称内涝防治体系。该体系主要针对超常暴雨情景，应能抵御高于管网系统设计标准、低于防洪系统设计标准的暴雨径流形成的内涝，目前排水规划的核心问题是在顶层设计中缺少大排水系统，没有应对超过管道设计标准的雨水系统，即没有内涝防治体系。[88]46

《日本下水道设计指南》（2001年版）中日本横滨市鹤见川地区的"不同设计重现期标准的综合应对措施"，反映了该地区从单一的城市排水管道排水系统到包含雨水管渠、内河和流域调蓄等综合应对措施在内的内涝防治系统的发展历程。当采用雨水调蓄设施中的排水管道调蓄应对措施时，该地区的设计重现期可达10年一遇，可排除50mm/h的降雨；当采用雨水调蓄设施和利用内河调蓄应对措施时，设计重现期可进一步提高到40年一遇；在此基础上再利用流域调蓄时，可应对150年一遇的降雨[80]。

国外以雨洪管理为核心研究的理论体系较为完善，参与研究的学科也比较齐全，目前已经形成了一种跨学科、多维研究的格局；研究方法以定量分析为主，多采用GIS空间分析、各种暴雨模型等，特别强调城市与生态大关系的梳理；研究重点开始由雨洪管理的理论及技术研究转向管理法规、实践运用等具体指导性研究。

1.5　研究内容与目的

1.5.1　研究内容

1. 传统村镇营建中旱涝"自平衡"的建设经验

总结、提炼和揭示关中平原传统村镇内集水、治水、用水设施的类型、空间布局及系统组织的"自平衡"的建设经验，将其方法和思想进行现代化转译，融入现代小城镇规划理论及方法中。

对关中平原9个典型的传统村落及其周边15km² 范围，合计共135km² 区域展开研究工作，既关注重点村落，也兼顾普通村落，重点研究关中平原传统村落中的建设经验，从点状源头——院落、网状基底——公共空间两个层面进行梳理。分别整理院落内集雨方式及设施、屋顶形制、集雨量、生活用水量等；村落下垫面结构、公共空间雨水自吸收率、雨水利用方式及比例等，量化并图示化相关研究成果。

2. 现代关中平原小城镇内涝灾害衍生机理

基于调研成果，梳理进入快速城镇化阶段以来，关中平原小城镇内由于空间组织不当而引发内涝的关键点。从聚落、片区、院落、设施四个层面，分别得出了关中平原现代小城镇区形态演进、建筑群体组织、居住建筑形制以及雨水管理设施四方面存在的问题，从而初步揭示小城镇内涝灾害的衍生机理。

3. 关中平原小城镇内涝自平衡模式

研究立足关中平原小城镇，以内涝自平衡为原则和目标，多角度、多层面探索绿色、可持续的小城镇空间设计方法。主要包括关中平原小城镇中微观层面规划原理与设计方法的优化，小城镇空间结构与形态特色的塑造，小城镇生态功能结构与生活功能结构的空间匹配等内容，并将其凝练、提升为关中平原小城镇内涝自平衡模式。

目的在于探索一种针对小城镇雨水消纳问题的空间应对方法，这种空间布局方法能够生态、经济地解决关中平原小城镇三季干旱缺水和夏季内涝成灾并存的现实问题，使雨水、积水、用水这三个相关的要素，在空间和时间两方面达到大致均等的"平衡"状态，减少引入和排出的水量，使雨水资源在小城镇内部实现微循环、自平衡。

4. 关中平原小城镇内涝自平衡模式的空间匹配方法

基于小城镇内涝自平衡模式的空间匹配是指在研究区域自然生态环境区划的基础上，综合运用规划手段、空间组织方法，分别探讨小城镇院落、片区、镇区和镇域的设计策略和方法。四个层次从微观到宏观，由局部到整体，构成了一个人居环境系统与自然环境系统相匹配的整体框架，其内涉及多种类型的规划内容，从不同的空间层次落实内涝自平衡模式的具体内容，推动小城镇空间布局与设计内容的完善。

通过空间匹配实现内涝自平衡单元体系中各级单元所提出的雨水消纳目标，从而达成在关中平原小城镇内积水和缺水之间的平衡，尽量避免内涝灾害的产生，并将雨水资源作为非饮用水源加以有效利用，降低对于洁净水源的需求与消耗。

1.5.2 研究目的

本研究适应关中平原小城镇经济欠发达的现实，面向生态宜居小城镇发展理想，创新小城镇空间组织模式。通过规划简化或替代管道雨水排放方式，提出内涝自平衡模式，将为解决关中平原小城镇的内涝灾害提供绿色、低碳的空间匹配方案。以此控制城镇易涝点的出现、减少内涝灾害发生的频率、降低内涝危害的程度、提高雨水资源利用的比例、缓解小城镇用水的压力，同时，在城镇建设、更新的过程中，塑造小城镇特色风貌，推动美丽中国的建设。

本研究将基于关中平原地域特征，针对该地区广大小城镇无序扩张诱发、加重内涝灾害的现状问题，依据内涝自平衡模式，构架该地区新型小城镇空间组织机制，优化小城镇规划原理与方法，促进本地区小城镇规划技术与内涝防控技术水平提升，从而进一步推动关中平原小城镇人居环境可持续发展，并对其他多暴雨的平原地区有一定的借鉴作用。

1.6 研究方法

1. 资料分析与实地调查法

收集国内外相关理论和实践资料，调查研究关中平原自然地理、城镇演进等状态，对雨洪管理、内涝防治、生态规划等资料进行数据整理、统计和分析。

通过科学的选点，采取实地调查的方法，掌握关中平原小城镇衍生内涝灾害的第一手资料，保证本研究的真实客观、因地制宜，为后续研究提供切实可靠的数据与样本。

对于关中平原小城镇的现场调研主要由：2014 年 7 月、2015 年 8 月、2016 年 9 月、2017 年 12 月四次构成，合计约 100 天。

第一次调查：2014 年 7 月。结合本书选题的思考、国家基金重点项目的调研以及国家基金青年项目申请书的撰写，对关中平原地区内涝灾情及易发村镇进行了第一次调查。

选择辖区基本全部位于平原地区且内涝多发的宝鸡市凤翔县、咸阳市乾县、礼泉县、泾阳县，西安市周至县、户县、高陵县，渭南市富平县、蒲城县、大荔县，以及兴平市和西咸新区优美小镇为基本对象；走访 15 个传统村落及其周边 15 平方公里的区域，最后选定了 9 个村落进行详细调研（图 1.11）。

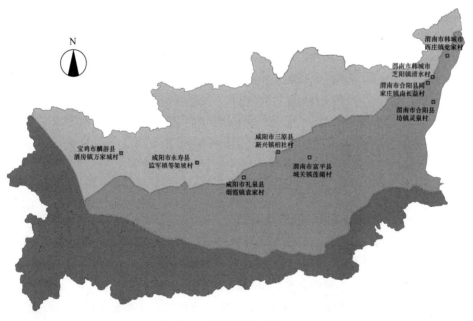

图 1.11 第一次调研的传统村落分布示意图

重点为渭北泾东区域，以 9 个传统村落（渭南市韩城市西庄镇党家村、咸阳市三原县新兴镇柏社村、咸阳市礼泉县烟霞镇袁家村、咸阳市永寿县监军镇等驾坡村、渭南市富平县城关镇莲湖村、渭南市合阳县坊镇灵泉村、宝鸡市麟游县酒房镇万家城村、渭南市合阳县同家庄镇南长益村、渭南市韩城市芝阳镇清水村）及其周边 15km² 区域为研究对象。既关注重点村落，也兼顾普通村落，以尽量保证研究成果的客观真实。并对村民进行访问调查，在调研过程中，采用测量、询问、图像记录等方式记录调研信息。

根据这次调查，从雨水收集利用角度，了解并总结了平原地区传统村落的分布规律、村落布局特点、院落形制规模等内容，并初步测算了公共空间和院落空间内雨水的容纳量。

第二次调查：2015 年 8 月。随着研究的展开，将研究对象进一步明确为关中平原除县城以外的建制镇（镇区人口 2 万以下），针对这一群体展开了第二次摸底调研，目的在于了解关中平原小城镇近十年发展建设的普遍情况，在宝鸡市、咸阳市、西安市、西咸新区、渭南市中随机选择了 23 个（渭河以北 12 个、渭河以南 11 个）小城镇（图 1.12）为代表进行人工城镇环境的分析，主要掌握其新建区规模、城镇空间形态变化的状态。

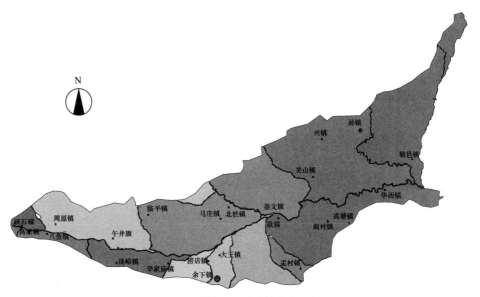

图 1.12　摸底调研小城镇分布示意图

具体为：宝鸡市金台区硖石镇，宝鸡市渭滨区高家镇、八鱼镇，宝鸡市陈仓区周原镇，宝鸡市扶风县午井镇，宝鸡市眉县汤峪镇，咸阳市乾县临平镇，咸阳市秦都区马庄镇，西安市周至县辛家寨镇，西安市鄠县余下镇、涝店镇，西安市临潼区耿镇，西安市蓝田县孟村镇，西安市阎良区关山镇，西咸新区泾河新城北杜镇、崇文镇，沣西新城大王镇，渭南市蒲城县兴镇、孙镇，渭南市大荔县朝邑镇，渭南市临渭区阎村镇，渭南市华县高塘镇，渭南市华阴市华西镇。

第三次调查：2016 年 9 月。在以第二次调查的结果为基础进一步对关中平原小城镇相关资料进行收集整理之后，发现关中平原小城镇在城镇格局、镇区建设、水基础设施配置、院落格局等方面差异性较小，故基于以下两个原则来选择深度调研的小城镇对象。

原则一：在面积占比最大且城镇分布最为密集的冲积平原区内选择小城镇对象。关中平原内，冲积平原为 71.3%，黄土台塬为 18.5%，洪积平原为 8.9%，其他地区为 1.3%。

原则二：在西咸新区内选取小城镇对象。基于自然和人工两方面原因：自然方面——西咸新区位于关中盆地中部，是水系交汇的核心地带，包括关中平原三种典型的地貌类型：黄土台塬、河流阶地以及冲积平原，具有代表性；人工方面——西咸新区作为国家级新区之一，其独特之处在于是以创新城市发展方式为主题，以打造现代田园城市为目标，其内小城镇面临较好的发展契机，其生态化、特色化的建设思路与模式有一定的引领示范作用。

综合以上两个原则，最终在随机的基础上综合普遍性和典型性两方面原因，选择西咸新区沣西新城大王镇为深度调研对象（图 1.13）。于 2016 年 9 月，从以下几方面展开具体调研工作：①镇域范围内人工与自然环境的关系，主要关注城镇格局、风貌；城镇建设区演变的历程，从中揭示出内涝灾害的衍生机理；②镇区范围内土地利用、街巷空间、开放空间及设施配置；③片区（15～20 户）邻里空间、场地设计；④对主要的建筑类型进行实测调查，主要包括院落使用功能、空间布局、屋顶形式、材料构造、雨水收集设施及利用情况等内容。

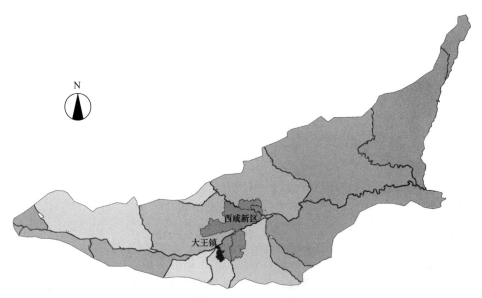

图 1.13　深度调研对象——大王镇区位示意图

第四次调查：2017 年 12 月。在第三次调查的结果和相关研究成果的基础上，结合规划设计试验的展开，对已经完成并着手实施海绵城市建设的沣西新城和泾河新城，进行了案例考察式的调研工作。通过对比自平衡模式及空间匹配方法和海绵城市建设的方案成果，进一步优化本研究。

2. 多学科交叉研究法

综合利用建筑学、城乡规划学、生态学、给水排水、风景园林学等多学科角度，提炼典型城镇内涝灾害的时空演化及时空耦合规律，研究规划建设与典型灾害之间的内在联系，认识内涝问题的空间本质，从而形成适应性强的小城镇内涝防治规划理论与技术方法，使研究成果更有适用性。

3. 数字化与网络化的现代科技研究手段

基于 ARCGIS10.0 等数字技术平台，采用信息查询的数字采集方法，将关中平原小城镇时空与属性信息梳理入库，综合分析典型城镇内涝灾害类型、致灾因子时空分布等信息。同时，基于数字与智慧技术的信息筛选和分析手段，实现科学、快速和高效提取处理数据的目的。并在大量实地考察和社会调查、数据分析与统计的基础上，利用物理实验与数字模拟等手段，建立量化或半量化的数学模型，凝练关键性指标。

1.7　研究框架

本研究工作具体逻辑框架（图 1.14）如下：

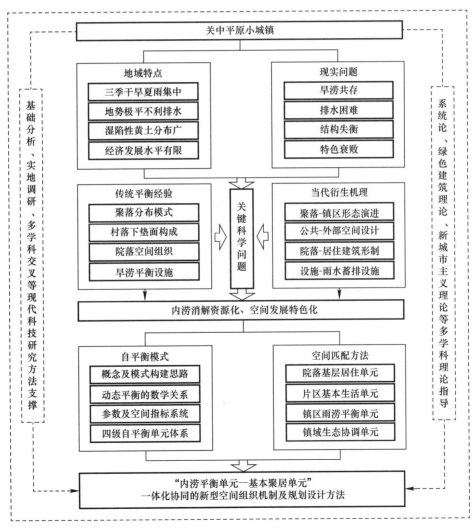

图 1.14　研究技术路线图

2 理论基础

城镇雨水内涝问题是复杂的系统性问题，涉及城镇中众多系统，本章从思路构建、空间组织和建筑设计三方面进行理论梳理，为解决小城镇内涝问题寻求理论依据和方法支撑。首先是有助于构建研究思路方面的理论——系统论，为问题的分析提供了科学的研究逻辑支撑；然后是空间组织相关的理论与模式——新城市主义理论，为问题的研究提供了空间布局方面的启发；最后是绿色建筑方面的理论与方法，为问题的解决提供了专业的技术理论支撑。

2.1 系统论

2.1.1 定义与内容

系统论是建立在现代科学技术基础上的综合性的理论和方法[81]，可以有效地剖析现代复杂的问题。

系统论认为：所有系统共同的基本特征是开放、自组织、复杂，整体、关联、等级结构、动态平衡等，运用这些概念开展的研究适用于一切综合系统或子系统的模式、原则和规律，并力图对其结构和功能进行数学描述[82]。系统中各要素相互关联构成一个整体，各要素协同作用下呈现出更强大的整体功能。

作为一种指导思想，系统论要求把事物当作一个整体或系统来考察，其基本思想方法就是把所研究和处理的对象，当作一个系统，分析系统的结构和功能，研究系统、要素、环境三者的相互关系和变动的规律性，并优化系统观点看问题；换言之，世界上任何事物都可以看成是一个系统，系统是普遍存在的。系统论的任务是认识系统的特点和规律，更重要的还在于利用这些特点和规律去控制、管理、改造或创造一个系统，使它的存在与发展合乎人的目的需要。也就是说，研究系统的目的在于调整系统结构，协调各要素关系，使系统达到优化目标。[22]39

2.1.2 对本研究的启示

城镇雨水内涝问题毫无疑问是一个复杂的系统性问题，对其产生原因的剖析、影响因素的梳理及解决手段的探究都应基于系统理论的科学理念和方法。雨水内涝的成因既需要从城镇空间系统整体出发，对行业规范标准、规划设计技术、建设施工等各子系统进行全面梳理，又需要对城镇的空间形态、市政基础设施等重点环节进行深入的剖析。内涝自平衡单元体系作为一种城镇组织理念的主要载体，其理论架构作为一个子系统，要想能够融入城镇大系统中，并切实发挥其作用，需要系统理论及方法作为指导。

基于系统论的整体性原则，城镇雨水排放是综合城镇水文地质条件、生态安全格局、规划建设情况、雨水系统工程等若干相关子系统的综合性复杂问题，不能仅仅关注管网工程子系统，因为只分析研究单一子系统的问题，是不可能彻底解决大系统的问题的。内涝问题的解决也不应只依靠单一系统来实现，应该从城镇雨水涉及的大系统的视角来综合分析水文地质子系统、规划子系统、灾害防治子系统、雨水排放系统、绿地系统等各方面的系统关联性，从规划设计方法入手，综合分析各子系统的条件，利用可量化的雨水控制措施和完善的城市防灾体系才能全方位的控制和解决城市雨水问题[22]41。

吴良镛教授在论述人居环境科学的方法论中指出"系统具有多层次、多功能的结构，每一层次均构成其上一层次的单元，同时也能有助于系统的某一功能的实现"，"系统各单元之间的联系广泛而紧密，构成一个网络，因此每一个单元的变化都受到其他单元变化的影响，并会引起其他单元的变化。"[83] 由此可知，在协调系统整体与局部的关系时，单元具有至关重要的作用，所以协调单元的方法在有关复杂系统的研究中是常见的一种方法（图2.1）。

衰亡的细胞组织：无序蔓延　　　　　健康的细胞组织：有机生长

图2.1　无序蔓延与有机生长的细胞组织示意图

（来源：（美）沙里宁著. 顾启源译. 城市它的发展、

衰败与未来［M］. 北京：中国建筑工业出版社，1986.）

小城镇建设中一个比较明显的特点就是地块尺度较小，且没有大面积集中连片的单一功能区，居住、商业、公服等交织，在总体层面可以划分为若干个基本构成相似的、符合小城镇职能和规模的微观自平衡单元，每个自平衡单元都满足"生态化"设计的要求，从而快速达到城镇自平衡体系，可以实现区域内雨水的收集、消减，最终达成内涝自平衡的建设效果[3]25。

从以下几方面指导小城镇的建设：小城镇大多地处城乡接合部，作为自然环境与人工环境交织的区域，其建设必须重视自然环境的保护，应立足于资源条件，建立低能耗、少污染、高附加值的生态发展体系；合理进行小城镇空间结构、用地布局的规划。建设用地方面需要理性地确定居住用地规模、类型及分布，严格保证绿地比例；非建设用地方面则要保留城镇郊区的农田，保护湿地并尽量扩大林地等生态绿地面积，使之成为小城镇的绿色生态大背景；小城镇建设过程中，要避免过度开发及粗放开发，尽量不破坏自然山水格局，保留城乡之间的天然绿色通道；小城镇水基础设施建设要基于客观条件、合理需求来选择方式，进而确定规模，并强调通过体系及设施的设计对水资源（尤其是雨水资源）进行充分的循环利用。

2.2 新城市主义理论

2.2.1 主要内容与发展

20 世纪 80 年代初，美国开始了新城市主义实践，历经十余年，成为城市设计的主流。新城市主义设计主张采用"传统城镇尺度"和"传统建筑形式"，反映了人们对于小城镇生活的向往。"新城市主义"的城镇是一种高密度、小尺度和亲近行人的社区，其城镇模型具有可持续发展社区的特性[84]。20 世纪 90 年代起，新城市主义理论的主要著作相继发表：道格·凯包夫和卡斯洛普编写的《步行街手册：一种新城市设计策略》、DPZ 的《城镇和城镇创造原则》、所罗门的《重建》、卡斯洛普的《下一代的美国都市：生态、社区和美国梦》，以及对新城市主义理论和设计进行总结的凯兹的《新城市主义：走向社区的建筑》[85]、[86]。

新城市主义的理论和实践可以分为三个主要领域：郊区设计理论和实践、区域规划和生态可持续发展，以及旧城改造[87]。

2.2.2 对本研究的启示

新城市主义的设计理念和实践对本研究的启示作用主要有以下几个方面：

首先，新城市主义的郊区发展设计策略中主张采用小城镇形态作为设计原则。小城镇是城市主义的一种特殊形式，它与大城市不同，有其自身控制市镇规模、成长、扩展，以及对公共领域形态、构造和组织的内在力量。对小城镇的理解需要研究其空间经验和平面图示[84]29，其基本构成要素是有着各种活动的邻里、以居住为主导功能的小区和完整街道网络系统的交通走廊。小城镇的正常衍化需要采取相对稳定的解决方式对待城镇的关键部件和内容，并保持其设计策略、形式体量的设计原则以保证城镇特色、形态和空间经验不因那些不断变化的要素的变化而改变[88]。这种郊区发展与小城镇之间关联度的观点，肯定了小城镇的特征，这样的郊区密度虽高于我国城市郊区，但却适合于本研究的空间尺度和基本思路。

其次，新城市主义是一种可持续发展的城镇和社区模式，注重环境质量，节省能源和资源，保持历史、文化和社区特征，维护建筑类型和城镇社区形态，强调高密度和多功能混合使用[86]45。特别强调对环境可持续发展的考虑，指出城镇发展应有明确的界限，这一点可以看作是霍华德的田园城市理论中关于城市界限内容的延续。[89]这对本研究从雨水资源出发，探讨小城镇空间单元界限的研究思路有一定的启示。

最后，新城市主义的关于旧城改造中认为城镇创造的关键在于街道、建筑及其组织方式，主张针对细部应通过建筑设计来解决城市设计、空间和形态问题，一个建筑问题的解决必须能够同时满足和解决城镇层面的问题。[89]如所罗门在太平洋高地城市住宅工程中，借助传统庭院和小巷这两种典型传统城镇空间形态，创造了一种混合式城市社区建筑空间形态[84]30。

总之，新城市主义者们所提出的城市设计理论和研究方法对本研究有所助益，主要有以下内容：①如何发现小城镇中经过历史筛选的设计程式和经验，从传统街道和建筑尺度、空间处理，传统城镇形态与建筑关系等方面提取对当前小城镇设计有帮助的内容，加以解释、整理，改进后用于当代小城镇设计中。②能够形成可持续社区的基本物质空间元素：注重社区总平面和规划，提出适宜的组团规模为半径1/4英里（约400米），即步行5分钟的距离；强调街道网络的作用，创造既使行人感到舒适安全，又提供汽车交通的系统。明确临近街道建筑的高度和街道宽度的比例，详细设计行道树、街边绿化要素，以及步行道的宽度。③除街道两侧的步行道外，设计连接整个城镇的步行系统等。

基于以上新城市主义的基本理论内容，本研究将从小城镇镇区形态、交通系统及街道空间的详细设计、居住建筑设计这三个层面，挖掘传统空间经验，并结合水资源高效利用的需求，从空间组织上进行有益的探索。

2.3 绿色建筑理论

2.3.1 概念及主要内容

"绿色建筑"的提出与研究缘起于环境问题，为了应对环境恶化和能源危机，建筑行业提出并着手研究可以节能的建筑。20世纪60年代，加拿大及北欧一些国家着手展开绿色建筑的研究，我国学者从20世纪80年代开始相关研究，并以建筑节能（热工性能）和室内环境质量研究为主要内容。2006年我国颁布了《绿色建筑评价标准》，2013年进一步修订，其中对绿色建筑的定义为：在全寿命周期内，最大限度地节约资源（节地、节能、节水、节材）、保护环境、减少污染，为人们提供健康、适用和高效的使用空间，与自然和谐共生的建筑[90],[91]。

绿色建筑的核心是节约、减排、健康，涉及建筑全寿命周期内的设计、建造、运行、维护等方面，被简称为"四节一环保"的建筑（表2.1）。绿色建筑理论明确提出了可持续的建筑设计的要求和指导思想，其相应的评价体系也将目标进一步量化，许多国家和地区都开展了绿色建筑认证工作。

绿色建筑设计主要内容简表 表 2.1

项目	主要内容
节地与室外环境	建筑场地
	降低环境负荷
	绿化
	交通
节能与能源利用	降低能耗
	提高用能效率
	使用可再生能源
	确定节能指标
节水与水资源利用	节水规划
	提高用水效率
	再生水和非传统水源
	确定节水指标
节材与材料资源	使用绿色建材
	节材
室内环境质量	光环境
	声环境
	热环境
	室内空气质量

（来源：郭飞著. 可持续建筑的理论与技术［M］. 大连：大连理工大学出版社，2017：19.）

2.3.2 节水方面的主要内容

建筑中水资源的使用主要包含建筑内部生活用水、建筑外部环境用水两大部分，其中内部用水包括饮用水、盥洗、冲厕等生活用水，建筑外部用水包括景观绿化、市政清扫等用水。

建筑内部可以设计节水器具、雨水回用及分流装置。节水器具可优先选用《国家鼓励发展的节水产品（设备）目录（2016 年版）》中公布的设备、器材和器具（表 2.2），并满足国家现行标准《节水型生活用水器具》（CJ/T 164—2014）的相关要求。

常见节水器具种类简表 表 2.2

种类	设备器具举例
节水龙头	加气节水龙头、陶瓷阀芯水龙头、停水自动关闭水龙头
节水坐便器	带洗手水龙头的水箱坐便器、污水真空抽吸坐便器
节水淋浴器	水温调节器、节水型淋浴喷嘴
节水型电器	节水洗衣机等

（来源：宗敏编著. 绿色建筑设计原理［M］. 北京：中国建筑工业出版社，2010：90.）

建筑外部应设计雨水收集系统，收集雨水可用于绿化、清扫等，尽量减少屋面雨水产生的地表径流。在建筑外环境中，将雨水消纳设施与环境景观设计结合，实现雨水的就地消纳，增加雨水渗透量。景观用水应优先考虑雨水、再生水，并设置循环水处理设备。

2.3.3 雨水利用的主要方式

根据雨水利用方式的不同，雨水回收利用系统可以分为直接利用、间接利用和综合利用三种[92]。其中，直接利用的方式成本最低，直接回收利用收集后的雨水，但要求水的来源和再利用之间有良好的匹配，以免需要处理和储存，优先考虑用于杂用水、景观用水和冷却循环用水；间接利用是将雨水简单处理后下渗或回灌地下，补充地下水；综合利用是根据具体条件，将雨水直接利用和间接利用结合起来，在经济效益可行的基础上最大化地利用雨水[92]83。图2.2显示出雨水回收利用系统由收集、处理和供应三部分组成。

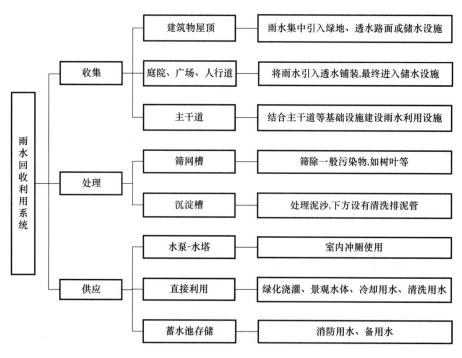

图2.2 雨水回收利用系统示意图

目前，成熟的雨水利用技术从屋面雨水的收集、截污、储存、过滤、提升、回用到控制都有一系列的定型产品和组装式成套设备[92]84、[93]。图2.3为建筑及其环境中雨水收集利用的框架图[94]。

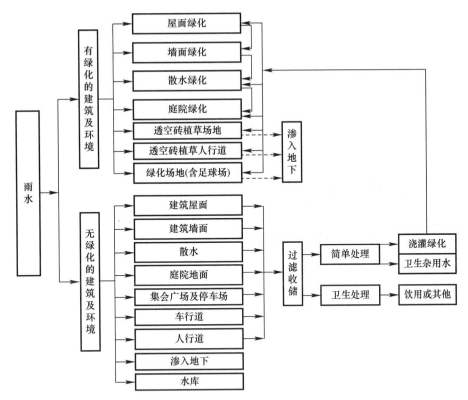

图 2.3　建筑及其环境中雨水收集利用框架图

（来源：陈洋，张定青，黄明华. 集雨节水建筑技术 [J]. 西安交通大学学报，2002（05）：545-547.）

2.3.4　对本研究的启示

绿色建筑所蕴含的生态设计观、可持续发展观是本研究秉持的重要理念，希望通过人居空间的优化设计，打造环保、健康、安全的居住环境，实现人与自然和谐共存的发展目标。绿色建筑从建筑设计的角度思考并通过优化设计来解决环境问题，其在节水方面的研究内容及成果对本研究解决问题的思路及技术选择大有裨益。

关中平原地区降雨量相对较少且集中于夏秋季，急需推广节水措施，而雨水收集利用工程能留下本来被排放的雨水，并使其发挥作用，一方面增加了可用水资源，同时减轻了管道排放压力，减轻了内涝灾害风险；另一方面，回渗雨水可以补充地下水，助力于城镇水资源的可持续利用，但关中平原小城镇在雨水收集的工艺及规模上需要慎重选择。

本研究重点落在对雨水的收集和再利用的设计。通过对小城镇的居住建筑、邻里空间、街坊片区等不同尺度的空间环境进行优化设计，从而减少雨水排放量，防治积水内涝现象，并提高雨水资源再利用率，减少建筑对新水资源的需求，最终实现"节水"目标，为人们提供更健康、节水、安全的使用空间。

本研究将结合关中平原小城镇建筑构成（以居住建筑为主）的特点，进行小城镇居住建筑节水设计本土化、生态化的探索。

3 关中平原自然环境
特征与内涝灾害衍生

关中平原地处中纬度地区，属暖温带亚湿润区，典型大陆性季风气候，年均温6～13℃，冬季最冷月为1月，均温在−5℃左右，夏季最热月一般为7月，月均温30℃左右。这里气候的特点是：四季分明、三季干旱、夏雨集中多暴雨。其内人居环境自古以来就面临着夏季内涝、春秋冬缺水的困扰。在关中平原小城镇内涝灾害过程中，不均衡降水是形成内涝的气象条件，地形地质是形成内涝的地理平台。

3.1 短时强降雨是导致内涝的先决条件

3.1.1 三季常干旱、夏季暴雨集中

以1959～2010年关中盆地年降水量为依据，计算得到平均年降水量为595.70mm。降水量年内分配不均，其中6～9月占60%，峰值多出现在7月和9月（图3.1），[95]且多以短历时高强度前锋雨型为主（图3.2），此种雨型极易造成雨水量短时激增，增加市政管网压力，造成内涝灾害的发生。以咸阳市秦都气象站数据为例，此类降雨占夏季总降雨次数的52.2%。

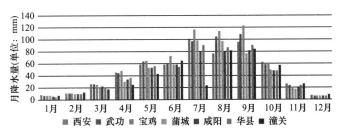

图3.1 关中盆地主要站点多年月平均降水量统计图

根据实例总结，内涝灾害的发生与雨型有密切关系，尤其是与1小时降雨强度关系最为直接。以西安为例，西安是一个内涝发生降雨强度临界值偏低的城市，其市中心城区道路排水设计重现期普遍按1年一遇的标准建设，相应重现期1年的最大设计降雨强度为36mm/h，一旦降雨量大于设计标准就会出现积水。当遭遇特大暴雨时，按这一标准建设的雨水管网、雨水泵站，全负荷运转也难以满足排水需求，此时，内涝极易发生。通过统计得出

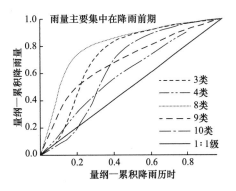

图3.2 西咸新区雨型分析图
（来源：《西咸新区海绵城市总体规划》）

计得出，西安市能产生内涝的平均降雨强度为14.2mm/h，最小降雨强度仅3.5mm/h；平均过程雨量42.8mm，最小过程雨量仅14.3mm。当遭遇大于50mm/h强降水时，出现大范围积水的可能性超过90%。而关中平原小城镇建成区及排水

系统的建设标准和质量均远低于西安市，内涝灾害发生的风险更高。

关中盆地降水量空间分布特征是以渭河为界南多北少、以泾河为界西多东少[96]（图3.3）。渭河以南区降水量随着纬度的降低，降水量增大，秦岭山前区年降水量850～1000mm；渭河冲积平原530～600mm，渭河黄土台塬550～750mm[97]，其中泾东区降水量相对贫乏，平均降水量约为530mm，极小值在关中的东北部（渭南大荔站，499.3mm）[102]55。渭北泾西区越靠近宝鸡，降水量越大，宝鸡站多年平均降水量为663.8mm。

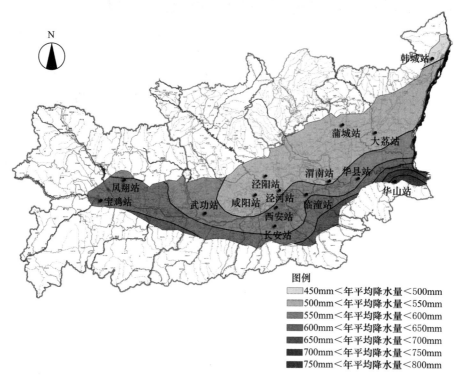

图3.3 关中平原年平均降水量等值线图

3.1.2 降水趋势将促使内涝加剧

关中盆地降水量年际变化幅度呈波动形，且逐年分布不平衡（图3.4）。

关中盆地降水量的年际变化规律：总体呈减少趋势，平均减少幅度为1.70mm/a。[90]27❷关中盆地降水量年内变化趋势：春秋季节降水量呈下降趋势，是影响年降水量减少的主要因素，其中春季下降趋势较秋季更为明显。[90]27夏冬两

---

❶ 关中盆地降水量突变发生在1992年左右，自这一年开始，总体降水量开始下降，到21世纪依旧呈现出减少的趋势。春季降水量在1993年左右发生突变，有明显下降趋势；夏季降水量突变发生在1978年前后，之后降水量开始上升，而且上升趋势一直保持至21世纪；秋季降水量突变自1973年开始转变为下降趋势；冬季降水量的总体处于增加的趋势，UFk统计值均大于零，说明冬季降水量一直处于增加状态，突变发生在1962年和1999年左右。

❷ 春季为3～5月，夏季为6～8月，秋季为9～11月，冬季为12月～次年2月。

季降水量均呈上升趋势，冬季降水量较少，而夏季为关中盆地降水量贡献最大的季节，上升幅度为1.08mm/a[90]28，但径流大，不易积存。

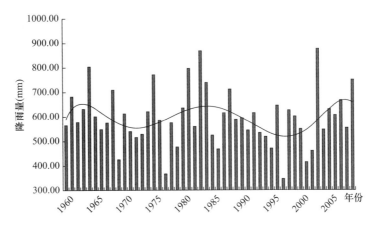

图3.4 关中盆地近50年降水量变化图

（来源：郑晓燕. 关中盆地地下水对气候变化的响应研究［D］. 长安大学，2012.）

综上，随着人类活动对全球环境影响的加剧，关中盆地降水量总趋势逐年减少（减少幅度为1.70mm/a），但夏季降水量却逐年增加（上升幅度为1.08mm/a）。主要以暴雨次数增多、单次雨量增大为主，使得降水量季节分布更不均匀，未来春秋冬干旱和夏季暴雨致灾情况将更加严峻[98]。

短时强降雨是导致内涝的先决条件。在关中平原夏季，以前锋型雨型为主，正是极易造成内涝的气候要素，并且未来夏季降雨还有增大增多的趋势。而极端气象现象的频发和程度加剧，是未来一段时间内全球气候变化的总趋势，其形成原因极为复杂，但人类活动对自然环境的影响是重要因素之一。尤其是城镇建设区域通过对下垫面的改变，直接影响着城镇地区的降水、蒸发和径流等水文过程。由于气温高，空气中粉尘颗粒大、数量多，易形成城镇雨岛效应，造成建设区暴雨的强度及频率均高于周边区域的现象。

自然降水是人类不可控的天气现象，人类只能尽量减少自身活动对气候的影响，但这是长期缓慢且艰难的过程，目前，全球早已意识到生态环境保护、修复的深刻意义，我们能做的就是转变发展理念，而理念的转变往往是最困难、最关键的一环。生态文明建设的理念不难理解，但将其常态化地落实在规划建设中则需要很大的决心和坚持。以城市建设模式带动整体发展模式的"理念转变"，正是"人与自然和谐"这一生态文明价值观在全社会范围内的构建过程。尤其是经济水平有限的北方平原地区小城镇，更应该坚定不移地及时调整发展及建设理念[3]26。在小城镇建设时遵循生态优先原则，努力挖掘地域自然适应、文化传承、经济可行的经验和方法，将自然途径与人工措施相结合，在确保城市排水防涝安全的前提下，最大限度地实现雨水在城市区域的积存、渗透和净化，促进雨水资源的利用和生态环境保护[99]，才能保障未来小城镇生态化、健康化、地域化、美丽化的发展。

同时，针对雨水年内不均匀分布和水资源极为短缺的客观现实，要选择适当的防涝目标和雨水径流控制目标，通过人工设施做到"防蓄结合、错季利用"，灰色排水设施和绿色基础设施需要综合协调，科学规划、合理配置。

3.2 地形太平坦是造成内涝的自然基础

地形地势是诱发内涝的又一先天要素，但人类建设活动可以对其进行改造，故自然地形地势过于平坦是造成内涝的自然基础，而现状城镇竖向设计的合理性、系统性、整体性差则人为加剧了排水不畅的现象，是造成内涝的城镇环境基础。

3.2.1 流水地貌形成多级台地

关中平原位于秦岭山脉与陕北高原之间，为汾渭断陷盆地的西段，属于地堑式构造平原❶。地貌类型包括冲积平原、洪积平原和黄土台塬（图3.5），主体由渭河一二级阶地组成，北部和南部的边缘皆为多级台地[100]。

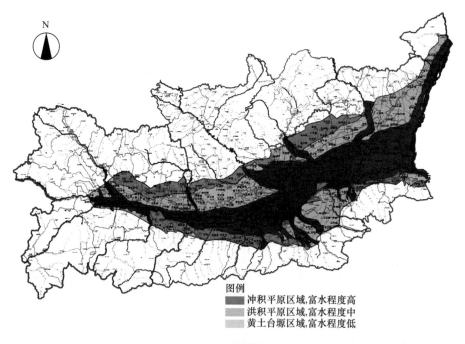

图例
- 冲积平原区域,富水程度高
- 洪积平原区域,富水程度中
- 黄土台塬区域,富水程度低

图3.5 关中平原地貌分区图

---

❶ 五丈塬是较高的塬地，绝对高度500~750m，相对高度30~40m；兴平一带分为头二、三道塬，三道塬（第一阶地）绝对高度380~390m，宽约1km，二道塬（第二阶地）绝对高度395~410m，宽约8km，头道塬（第三阶地）绝对高度480~520m，相对高度40~50m，宽约27km；渭南南塬绝对高度500~600m，相对高度100~150m。

3.2.2 极平地势造成排水困难

关中平原地势总特征为南北高中间低，西部高东部低。西端宝鸡市区平均海拔618m，东端至黄河河床降至340m，东西长约325km。南部秦岭关山区、北部渭北台塬区坡度较大，中部盆地区坡度较小（图3.6）。

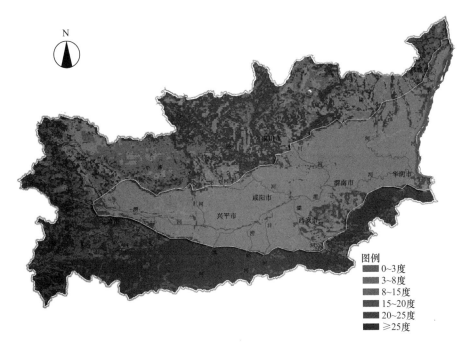

图例
■ 0~3度
■ 3~8度
■ 8~15度
■ 15~20度
■ 20~25度
■ ≥25度

图3.6 关中平原整体坡度分区图

整个关中平原腹地（本研究范围内）平均坡度约为0.09%，整体及局部地段均平坦，且坡度小于《城市用地竖向规划规范》中城市建设用地最小排水坡度0.20%的极值。整体坡度太小，地势过于低平，极其不利于场地排水，易造成积水内涝，也因为过于平坦，客观上给城镇人工管道模式排水增加了难度。因此建设时要求场地处理必须充分考虑场地竖向和管道竖向的设计、组织。为了满足排水需求，雨水管道埋深增加造成雨水管网建设投资非等比激增。

各类人工排水设施建设的一个基本前提是依靠水的重力特性，减少雨水形成的地表径流[3]26，在城镇空间中竖向问题主要包括：部分区域地势低洼，排水管网能力不足；由于新建、改建项目导致原有场地竖向改变，从而使得分水线位置、地块排水方向发生变化，汇水面积随之调整，最终导致道路竖向方向与排水分区不符，雨水径流空间上分布不合理；相邻地块之间竖向设计未经协调；绿地竖向高于硬化地面导致雨水只能形成地表径流，无法就近吸收等问题。

因此,合理的竖向设计是决定排水系统建设成败的核心环节。需要在今后工作中进一步加强城镇竖向规划的设计、实施和管理,首先要通过合理的竖向设计有序组织各个收水分区,确保每个雨水收纳、排放设施都可以在其服务区域内发挥作用,否则即便设施建成了,雨水也流不进去[3]26。

在进行竖向设计时,只有充分结合城镇现状竖向情况,才能保证设计的可行性和经济性。对于已建成区内的城市道路,首先尽量顺应原有合理的排水分区、道路交叉点高程及其下敷设的灰色基础设施走向,其次通过设计纠正其内存在竖向问题的区域;对于各个地块内则可本着"整体协调重点突破"的思路,要有利于局部低洼地蓄水、渗水、滞水,应优化道路横坡坡向、路面与道路绿化带及周边绿地的竖向关系,同时通过微地形的改造形成有利于各类源头收水设施的竖向条件等[3]26。

3.3 湿陷性黄土是加重内涝的特殊因素

关中平原位于黄土高原的南部边缘,其内广泛分布着黄土,其中包含大量湿陷性黄土,黄土的湿陷性可导致建筑物出现不同程度的倾斜、裂缝、下沉、散水倒坡、梁柱断裂等事故。而黄土的湿陷,是在水的作用下产生的,没有水这个因素,就无从谈起"湿陷"与否,所以,关中平原内的内涝灾害如果发生在湿陷性黄土区域,会使得灾害链延长并加重灾害的破坏力,需要予以特别关注!同时,在湿陷性黄土区域内所采取的内涝防控工程措施也需要和其他区域有所区别,采用特殊的工程做法,才可以有效实施灾害防控。在进行城镇建设时需要基于详尽的地质勘查资料,掌握土壤类型的具体分布情况,首先进行分区的科学化研究,然后依据研究成果提出基于土壤条件的城镇生态化雨水管控建设策略与要求。[101]

然而由于湿陷性黄土的分布情况十分复杂,既有连续成片的分布,也有少量零散地分布,同时,湿陷性黄土层中,往往有局部不湿陷的黄土层存在[102],需要详细的工程地质调查工作才能掌握准确的一手资料。

本研究在广泛查阅黄土研究资料及已获得的工程地质资料的基础上,尝试从两个层面对关中平原的湿陷性黄土分布进行图示化总结,具体结果如下。

3.3.1 整体层面:关中平原湿陷性黄土分区

因研究区域范围较大,没有全覆盖的具体的工程地质资料,故难以给出客观、全面的关中平原湿陷性黄土分区结论(图3.7)。基于湿陷性黄土分布的一般特点:相对于丘陵、高原,湿陷性黄土更多分布在平原、河谷等较低的地貌单元,河流二级阶地及高级阶地(三级及其以上)有上更新世时期形成的湿陷性黄土分布。如渭河及其支流的地区,分布面积较大,但厚度不大,约12m。本研究在整体层面将关中平原大致分为两个区域：湿陷性黄土分布较多区域和砂土、冲积黏土分布较多区域。

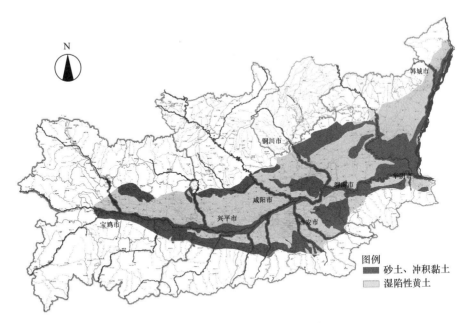

图 3.7　关中平原湿陷性黄土分区示意图

3.3.2　局部层面：西咸新区湿陷性黄土分区

基于西咸新区现有地质资料，得出如下结论（图 3.8）：西咸新区内土质类型复杂且具有代表性，沿渭河及其支流区域为淤积的泥沙，以渭河为界，南北各有湿陷性等级不同的黄土堆积，南北地形、土壤、地质情况各不相同。渭河以南以平原为主，以冲积黏土与砂土为主，土壤渗透系数大；渭河北岸由一、二级河流冲积阶地逐级抬升，延伸到一、二级黄土台塬，为阶梯状地势，以非自重湿陷性黄土为主，黄土层厚度多为 4～10m，地下水埋藏深度为 6～18m，区内湿陷性黄土渗透系数取 $10^{-4}\sim10^{-5}$ m/s。

湿陷性黄土区内公共开放空间的水体及公园绿地，以及各类建筑与场地中应将 LID 设施尽量布置在土壤浅层，且以小型设施为主，并做好设施周围的防渗措施；湿陷性黄土区内的道路则不建议采用可以下渗的透水材料。在湿陷性黄土 1 级的分布区内，湿陷性黄土为少量零散分布，其湿陷变形较小，较适宜进行建设试点，但也要着重注意 LID 设施有关"渗"方面的技术防护。在湿陷性黄土 3 级区，雨水入渗方面存在着较大的技术风险和难点。通过前期实验研究，在该区域内采取雨水就地下渗需要大量的换土型设施，成本高、周期长、效益差，在此区域内应以蓄水设施为主，控制渗水设施的规模。[101]90

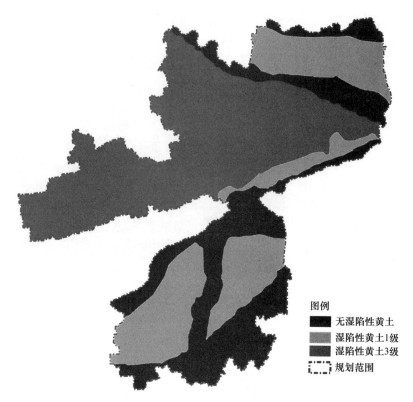

图例

■ 无湿陷性黄土
■ 湿陷性黄土1级
■ 湿陷性黄土3级
⌐⌐ 规划范围

图3.8 西咸新区湿陷性黄土分区示意图

（来源：《西咸新区海绵城市总体规划》）

3.4 针对内涝的关中平原自然地理分区

3.4.1 分区方法

由于研究区域内地势平坦，除了骊山区域外，平均坡度均在 0°～3° 的范围内，差异不大，所以最后选取了地质分区、土壤分区、年降水量分区为自然地理的基础要素进行叠加分析（图 3.9、图 3.10）。

3.4.2 分区成果

在各种排列组合下共有 18 个分区，最终结合实际情况，针对内涝的关中平原自然地理分区划分为 15 个（图 3.11）。

基于各种不同基础的自然地理要素❶，提出各区域在防控内涝灾害时

---

❶ 由于研究区域内少雨区和多雨区的年降雨量差值不大（≤200mm），且在我国降雨量分布图中划归为同一区域，在降雨时对内涝灾情的影响基本一致，故未在表内体现雨水分区的具体情况。

宏观的整体应对原则，并整理出其地下水富集程度、土壤相关参数等基本参数（表3.1）。

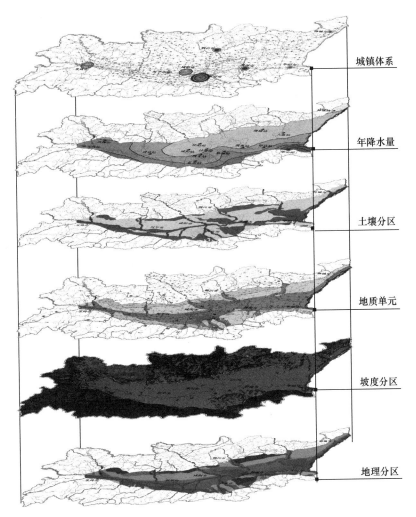

图3.9　关中平原自然地理要素叠加分区示意图

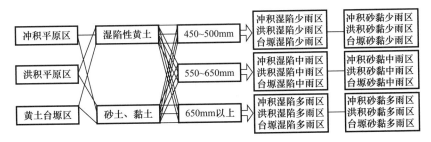

图3.10　关中平原针对内涝的自然地理分区关系图

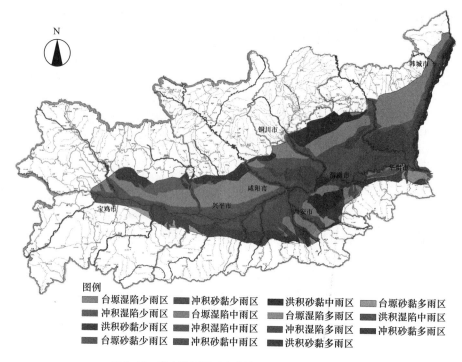

图例

台塬湿陷少雨区　冲积砂黏少雨区　洪积砂黏中雨区　台塬砂黏多雨区
冲积湿陷少雨区　台塬湿陷中雨区　台塬湿陷多雨区　洪积湿陷中雨区
洪积砂黏少雨区　冲积湿陷中雨区　冲积湿陷多雨区　冲积砂黏多雨区
台塬砂黏少雨区　冲积砂黏中雨区　洪积砂黏多雨区

图3.11　关中平原针对内涝的自然地理分区示意图

关中平原针对内涝的自然地理分区基本信息汇总表　　　　　表3.1

自然地理分区	容纳雨水基本原则	地下水富集程度	主要土壤类型及渗透经验系数值 K(cm/s)[103]
台塬湿陷区	强调利用＋控制下渗	极低	$1e^{-5} \sim 1e^{-6}$
台塬砂黏区	设施蓄水＋引导下渗	低	$1e^{-3} \sim 1e^{-4}$
冲积湿陷区	中途蓄滞＋控制下渗	中	$1e^{-3} \sim 1e^{-4}$
冲积砂黏区	净化缓释＋引导下渗	高	$5e^{-2} \sim 1e^{-4}$
洪积砂黏区	本底涵养＋引导下渗	中	$0.1 \sim 1e^{-3}$
洪积湿陷区	生态保护＋引导下渗	低	$1e^{-3} \sim 1e^{-4}$

3.4.3　分区灾情

在与自然地理分区进行对照后，对关中平原城镇内暴雨导致的灾情进行总体的分析判断（图3.12），可知：

1. 关中平原内涝易发城镇集中分布在关中盆地区域（即本研究范围）内，其中以台塬湿陷区和冲积湿陷区为主要自然地理区域。

2. 因暴雨导致的灾害类型随城镇所处自然地理区位而有明显差异。靠近山体的洪积区域内城镇灾害多为泥石流、滑坡、塌陷等，如铜川大部分地区及宝鸡西北部，而平坦地区（台塬区和冲积区）的城镇内灾害则主要表现为内涝，且内涝发生频率远高于其他灾害。

3. 关中平原内较之其他地市，宝鸡市的降雨量较大（多年平均降雨量为

663.8mm），且三面环山，其内城镇带状分布，内涝积水较深（最深可达 1.5m），内涝灾害程度最为严重，普遍在 4 级以上。

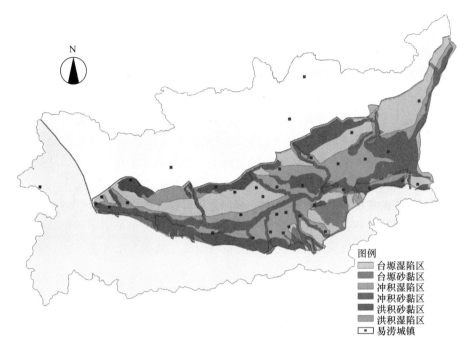

图 3.12 关中平原内涝易发城镇分布示意图

4. 渭南降雨量较小（多年平均降雨量为 530mm，极小值在大荔站为 499.3mm），但地势最平坦，故其内城镇内涝最频发（尤以城区、大荔、富平、蒲城为重），凡遇大雨及以上雨情，各城镇均发生内涝，可谓逢雨必涝。

5. 西安、咸阳两市情况较为相似，可代表关中平原内涝灾害的平均水平，内涝主要发生在建成区内道路、短时集中降雨量超出市政设施设计预期路段、排水设施不健全和低洼处，如城中村或棚户区地区、立交桥等处。

基于以上对关中平原地区内涝灾害的总体分析结论，将研究地域进一步锁定在关中平原的平坦地区即关中盆地范围内，以一级黄土台塬和渭河冲积平原为主，其中以西咸新区为主要区域。

3.5 小结

本章目的在于客观认识关中平原自然地理环境中存在的易于引发内涝的基本要素，并基于这些要素，提出相应的内涝防控的基本对策。

在众多自然地理环境要素中，提取出降雨、地形和土质三种与内涝直接相关的自然要素进行分析，揭示了关中平原自然环境特征与内涝灾害衍生的关系：在关中平原小城镇内涝灾害过程中，短时强降雨是导致内涝的先决条件，地形太平坦是造成内涝的自然基础，湿陷性黄土是加重内涝的特殊因素。

关中平原的气候条件正在缓慢地发生变化，关中盆地降水量总趋势逐年减少（减少幅度为 1.70mm/a），但夏季降水量却逐年增加（上升幅度为 1.08mm/a）。主要以暴雨次数增多、单次雨量增大为主，使得降水量季节分布更不均匀，未来春秋冬季干旱和夏季暴雨致灾情况将更加严峻。而城镇建设区域通过对下垫面的改变，易形成城镇雨岛效应，造成建设区暴雨的强度及频率均高于周边区域的现象。

整个关中平原腹地（本研究范围内）平均坡度约为 0.09%，整体及局部地段均平坦，且坡度小于《城市用地竖向规划规范》中城市建设用地最小排水坡度0.20% 的极值。整体坡度太小，地势过于低平，极其不利于场地排水，易造成积水内涝，也因为过于平坦客观上给城镇人工管道模式排水增加了难度。

基于有限的资料，本研究在整体层面将关中平原大致分为两个区域：湿陷性黄土分布较多区域和砂土、冲积黏土分布较多区域，形成了关中平原湿陷性黄土分区示意图。同时，依据西咸新区的地质资料明确了其内湿陷性黄土的分布情况及相关示意图。

在年降水量分区、地质分区、土壤分区三要素基础上进行叠加分析，经过筛选合并后，得出针对内涝的关中平原 6 大区 15 小区的自然地理分区，并针对不同的自然地理环境条件提出了在防控内涝灾害时宏观的整体应对原则。

最后将关中平原实际内涝灾情与地理分区成果叠加，从中总结自然环境特征与内涝衍生的关系和外在表现。

4 关中平原传统村镇旱涝"自平衡"的经验与启示

建筑学和城乡规划学都是先有行业后有专业的学科，对其而言，传承和创新同等重要。历史规律反映出关中平原镇、村空间规模级差不大，实际上镇通常就是地理区位等比较重要的、规模较大的村。向传统村落学习"人与自然和谐"的大智慧，总结其在低科技条件下应对旱涝共存的经验，才能真正使关中平原内的城镇建设更好地实践生态文明建设理念。

本研究综合运用调查、统计分析、定性分析、科学抽象等方法，对传统村落从聚落分布模式、村落下垫面构成、院落建筑形制、内涝自平衡系统及设施四方面进行定性与定量研究；归纳传统村落应对旱涝共存的模式及方法，测算其内雨水的错季、就地利用数据；相关数据将对关中平原海绵城市建设指标的量化落实有参照意义；最后从规划模式、"单元"概念、平衡原理、测算方法四方面提出对现代小城镇生态化规划建设的思考与启示[98]111~117。

4.1 传统聚落分布模式

4.1.1 传统聚落分布

走访 15 个传统村落及其周边 15 平方公里的区域，最后选定了 9 个村落进行详细调研，重点为渭北泾东区域，以 9 个传统村落（渭南市韩城市西庄镇党家村、咸阳市三原县新兴镇柏社村、咸阳市礼泉县烟霞镇袁家村、咸阳市永寿县监军镇等驾坡村、渭南市富平县城关镇莲湖村、渭南市合阳县坊镇灵泉村、宝鸡市麟游县酒房镇万家城村、渭南市合阳县同家庄镇南长益村、渭南市韩城市芝阳镇清水村）及其周边 15km²，合计 135km² 区域（图 4.1）为研究对象，既关注重点村落，也兼顾普通村落，以尽量保证研究成果的客观真实。

传统村镇聚落总体呈现点状均衡分布，各聚居地之间通常由农田、低洼林地、田垄、沟壑等间隙相隔，从而形成大分散小集中、尺度宜人的关中传统村镇聚落空间形制。

莲湖村及其周边片区　　　袁家村及其周边片区　　　等驾坡村及其周边片区

柏社村及其周边片区　　　党家村及其周边片区　　　南长益村及其周边片区

图 4.1 关中平原村镇形态及分布示意图（一）

灵泉村及其周边片区　　　　　清水村及其周边片区　　　　万家城村及其周边片区

图4.1　关中平原村镇形态及分布示意图（二）

4.1.2 基层村落单元

传统村镇聚落由基层村落单元有机组织形成，村镇规模取决于基层村落单元个数（图4.2）。基层村落单元以聚居地为核心，周边环绕着足以支撑聚居人口的农田。单元规模随人口数量和农产品种类、产量的变化而缓慢变化。大型村落一般包含3～5个基层村，大部分自然村为一个基层村落，相邻自然村村落中心间距范围值为1.0～2.0km，平均值为1.5km。

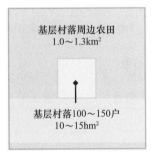 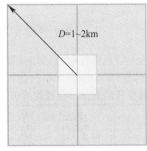 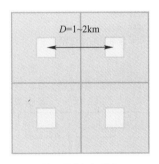

基层村落单元模式图　　　　　基层村落组织模式一　　　　基层村落组织模式二

图4.2　关中平原传统村镇组织模式图

根据调研数据计算，基层村落可容纳150～200户，聚居地占地面积10～15hm²，户均宅基地面积约660m²，户均耕地面积约0.65hm²，周边农田面积1.00～1.30km²。

这样的聚落空间布局模式从宏观区域层面上去适应客观的自然条件，其规模符合土地和水资源的承载能力，且具有动态生长性，使得人与自然和谐共处。

4.2 典型村落下垫面构成

4.2.1 典型村落下垫面测算

典型村落由宅院、公建（庙、祠堂、戏台、井房）、道路、场、涝池等要素构成，本研究将其下垫面类型归纳为建筑区（包括宅院、公建）、道路、裸地、绿地、水面共5种，对5个不同规模、区位的村落下垫面进行了整理及分析（图4.3、表4.1）。

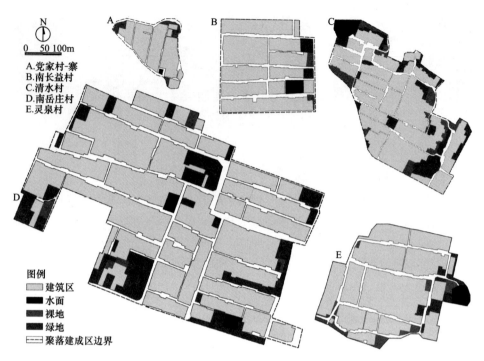

图 4.3 关中平原典型传统村落下垫面分析图

关中平原典型传统村落下垫面构成分析一览表　　　表 4.1

		南长益村	清水村	南岳庄村（两个涝池）			灵泉村	平均值
				整体	东片区	西片区		
概况	总面积（hm²）	6.58	8.98	34.37	16.37	17.98	9.80	—
	总户数（户）	112	183	381	194	187	153	—
建筑区	面积（hm²）	4.85	5.90	23.33	11.30	11.85	7.30	—
	比例（%）	73.61	65.71	67.88	68.99	65.90	74.45	69.43
道路	面积（hm²）	1.16	0.83	5.89	3.16	2.68	1.31	—
	比例（%）	17.56	9.26	17.14	19.27	14.89	13.31	15.24
裸地	面积（hm²）	0.11	0.78	0.40	0.08	0.37	0.49	—
	比例（%）	1.73	8.66	1.16	0.50	2.04	4.95	3.17
绿地	面积（hm²）	0.29	1.37	4.43	1.68	2.93	0.47	—
	比例（%）	4.33	15.29	12.89	10.25	16.28	4.83	10.65
水面	面积（hm²）	0.18	0.10	0.32	0.16	0.16	0.24	—
	比例（%）	2.77	1.09	0.93	0.99	0.88	2.46	1.52

4.2.2 下垫面核心构成要素

传统村落下垫面类型可归纳为建筑区（包括宅院、公建）、道路、裸地、绿地、水面共 5 种，将各类下垫面数据进一步归纳，可概括总结为：院落空间（宅院、公建）约占 30%，公共空间（道路、裸地、绿地、水面）为 70%（表 4.2）；

关中平原传统村落下垫面构成表 表4.2

下垫面类别名称		占村落总建设用地的比例（％）
院落空间	建筑区	65～75
公共空间	道路	15～20
	裸地	3～5
	绿地	10
	水面	1～2

涝池是构成基层村落单元的核心决定因素，当村落人口规模超出涝池服务能力时，就会新建涝池，从而产生新的村落单元。以一个涝池（1500～2000m²）为支撑的基层村落单元平均可容纳150～200户，面积为10～15hm²。

4.3 关中传统院落空间组织

4.3.1 关中传统院落空间布局特征

关中平原传统院落是典型的深宅窄院，平面与空间布局严整，由正房、两厢、倒座（或门厅）组成，整体布局中轴对称（图4.4）。

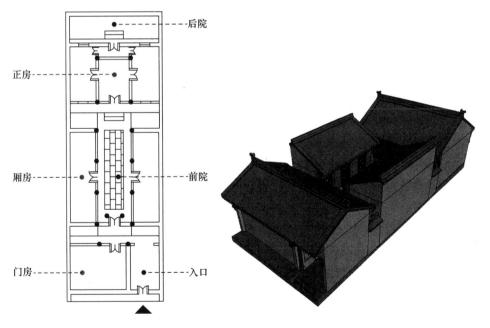

图4.4 关中平原传统院落空间布局示意图

每一个院落都是由建筑和墙体所围合的独立空间，形成第一进院落（前庭）、第二进院落（内院）和后院三种不同功能的生活场所。围合院落的建筑均有台基，台明高度因建筑等级不同而有差别，等级越高，台明越高。主要建筑位于台阶之上，高出院落，台基互不相连，便于排水。院内采用方地砖满铺，台沿、步阶以青石收边，环境以人工空间为主，偶尔植有石榴、核桃等植物，或放置花卉、盆景，总体体现一种舒适、安静的生活氛围。[104]、[105]

4.3.2 关中传统院落雨水组织模式

通过对典型村落的整理分析可知，关中平原传统村落中建筑区比例约为70%，成为集蓄雨水的最大界面。

每户宅院都可看作一个独立的单元，集流面主要是屋面，庭院地面作为补充。关中平原传统院落均为坡屋顶形式，门房与厅房相对，屋顶形式为双坡硬山屋顶；厢房屋顶有一面坡和两面坡两种形式，以一面坡屋顶为绝大多数，使得落在房顶上的雨水最大程度地流入自家院内。屋顶高度处理为正房高于厢房，厢房高于厅房，即由入口开始向内逐级升高（图4.5）。

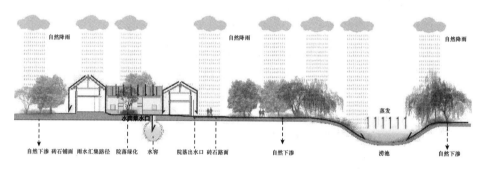

图4.5 关中平原传统院落雨水收集模式图

降雨时宅院四围房屋的前坡水都流入自家院内，每家屋顶将落在自家院落范围内的雨水汇集，从屋顶流下汇聚在水缸或经由院内地面存蓄于水窖内，降水先进行蓄存，多余的向院外排放，在源头上有效控制了雨水排放量。

4.4 典型村落内涝自平衡量化分析

在理清了传统村落下垫面构成后，分别量化分析网状基底——公共空间和点状源头——院落空间中雨水"蓄、渗、排"的比例。

4.4.1 公共空间

基于关中平原传统村落下垫面构成的研究成果，将其公共空间按照下垫面透水性进行分类，依据不同的径流、渗透系数取值，结论为：关中平原传统村落公共空间（占村落建设区用地的30%）可容纳（蓄、渗）村落雨水总量的21.45%，排放雨水比例为11.15%（表4.3）。

关中平原典型传统村落公共空间雨水"蓄、渗、排"量化分析　　　表4.3

下垫面透水性	类型	占总用地比例	径流系数	排放雨水比例	渗透系数	容纳雨水比例
10%～20%不透水面	绿地	10.00%	0.20	2.00%	0.50	5.00%
30%～50%不透水面	裸地	3.00%	0.30	0.90%	0.35	1.05%
75%～100%不透水面	道路	15.00%	0.55	8.25%	0.15	2.25%
100%透水面	涝池	2.00%	—	—	1.00	13.15%
合计		30.00%	—	11.15%	—	21.45%

（系数选取来源：张智（编）. 排水工程（上册）第五版 [M]. 北京：中国建筑工业出版社，2015.）

4.4.2　院落空间

基于调研资料，随机抽取 7 个村落中相对完整的居住片区，每个片区规模 30～40 户，合计 214 户，整理其院落情况（表4.4）。

关中平原院落屋顶形式分类一览表　　　表4.4

屋顶形式分类示意			院落平均面积	在样本中所占比例	集雨屋面所占比例	排雨屋面所占比例
一进院	"L"形		330m²	22.43%	40.00%	10.00%
	"凵"形		330m²	31.31%	45.00%	10.00%～20.00%
	"口"形		400m²	19.16%	55.00%	20.00%～30.00%
	"一"形		330m²	9.35%	10.00%～15.00%	0.00%～10.00%
	"二"形		330m²	11.68%	25.00%	20.00%
	"I"形		300m²	3.27%	25.00%	0.00%
二进院	"目"形		670m²	0.95%	65.00%	5.00%～10.00%
	"E"形		670m²	0.93%	45.00%	5.00%～10.00%
	"三"形		670m²	0.92%	30.00%	5.00%～10.00%

对数据进行分析可知：

（1）关中平原传统房居型村落内居住建筑形式以合院为主，典型传统院落为"口"形和"目"形宽长比≤1：2的窄院落，现存以"凵"形、"L"形、"口"形窄院落为绝大多数，在样本中约占73%；

（2）"凵"形、"L"形、"一"形、"二"形、"I"形、"E"形、"三"形院落多为传统四合院不同程度空废后的残留形态。

为了真实反映传统关中平原村落的雨水自调用经验，研究忽略当前村落中的空废现象，以"口"形、"日"形传统窄院落为对象，基于对其下垫面构成的研究成果（集雨屋面平均比例为60%，排雨屋面平均比例为15%，庭院平均比例为25%），按照下垫面透水性进行分类，依据不同的径流、渗透系数取值，结论为：关中平原传统村落院落空间（占村落建设区用地的70%）可容纳村落雨水总量的41.66%（表4.5）。

关中平原典型传统村落院落空间雨水"蓄、渗、排"量化分析　　表4.5

下垫面透水性	类型	占村落总用地比例	径流系数	排放雨水比例	存蓄系数	容纳雨水比例
不透水面	排雨屋面	10.50%	1.00	10.50%	0	0.00%（此部分雨水排至道路内，故将其按75.00%~100.00%不透水面在汇总中另行计算）
75%~100%弱透水面	集雨屋面	42.00%	1.00	32.73%（此部分雨水先进入水窖，超出水窖容量后外排，将其计入容纳雨水比例中）	0.15	8.93%
	庭院	17.50%	0.55			
100%透水面	水窖	—	—	—	—	集雨屋面排放雨水比例+庭院排放雨水比例=32.73%
合计		70.00%	—	10.50%	—	41.66%

（系数选取来源：张智（编）. 排水工程（上册）第五版［M］. 北京：中国建筑工业出版社，2015.）

则可估算出关中平原典型传统村落容纳雨水比例为：公共空间容纳雨水比例、院落空间容纳雨水比例、院落排雨屋面容纳雨水比例（10.50%×0.15=1.58%）之和，即21.45%+41.66%+1.58%=64.69%。

通过对传统村落公共空间和院落空间下垫面及其容纳雨水量的分析，将数据取整后可得：关中平原传统村落中60%~65%的降雨都以多种形式被存蓄，其中院落中的水窖和公共空间内的涝池为存储降雨的主要设施，分别可容纳中降雨量的30%~35%和10%~15%，其他不同渗透系数的下垫面共吸收降雨量的15%~20%。

本研究所得关中平原传统村落60%~65%的存蓄降雨比例与当前《关于推进海绵城市建设的指导意见》中"将70%的降雨就地消纳和利用"的指标接近，既实证了"海绵城市"建设指标的科学性和可行性，也进一步说明传统村落雨涝自调用经验的实用性。

4.4.3　单次暴雨

以日降水量≥50mm为暴雨标准，将上述研究结论运用于关中平原基层村落中，按照关中平原基层村落10hm²，150户，降水量50mm计算，则关中平原传统村落暴雨时"渗、蓄、排"的降雨量及村内生活用水量分别为：

（1）渗透量

传统村落中存在渗透的下垫面为：绿地、裸地（晒场、荒地、庭院等）和道路，由前述研究可知，其渗透雨水占总降雨量比例为：15％～20％，则关中平原传统村落中暴雨时渗透雨水量极小值为 $0.5 \times 15％ \times 100000 = 0.75$ 万 m^3，极大值为 $0.5 \times 20％ \times 100000 = 1$ 万 m^3。

（2）排放量

传统村落中雨水排放主要通过道路和院落完成，其占总降雨量的比例为17％，则关中平原传统村落中暴雨时排放雨水量为 $0.5 \times 17％ \times 100000 = 0.85$ 万 m^3。

（3）蓄存量

通过对院落空间和公共空间雨水收集情况的分析，其容纳雨水占总降雨量比例为：60％～65％，则单次暴雨时传统村落共收集雨水量极小值为 $0.5 \times 60％ \times 100000 = 3$ 万 m^3，极大值为 $0.5 \times 65％ \times 100000 = 3.5$ 万 m^3。

（4）用水量

经访谈调研得知，关中平原一户农家一年洗衣及喂养10头猪，需要3～4窖水，2人一年饮用需2～3窖水，则一户农家（2人、10头猪）一年人畜生活用水可估算为6窖水，约180～200m^3，150户合计为2.7万～3万 m^3。则单次暴雨时，关中平原传统村落存蓄雨水量（3万～3.5万 m^3），即可满足全村一年人畜生活用水量，故传统村落内雨水自调用设施完全可以实现雨水资源的错季利用。

4.5 典型村落内涝自平衡设施

4.5.1 内涝自平衡公共设施——涝池

涝池是关中缺水地区传统村落必备的设施，其位置一般在村口地势较低之处，由道路汇集的雨水流入涝池。日常多用于洗涤衣物和家畜饮用，是传统村落中常备的非饮用水源与消防水源。

通过典型村落分析总结：传统村落规模有限，基层村落单元规模的确定多以涝池为基础，规模较大的村会有多个涝池，每个基层村一个涝池，一般"一大多小"覆盖全村。常见典型基层村落涝池面积为1500～2000m^2，平均深度为3～4m，容量为5000～7000m^3（图4.6）。一个涝池服务半径最大为400m，若步行速度72～100m/min，则4～5分钟内即可步行到达，与当前城市消防站责任区以接警后5分钟内到达责任区边缘的布局要求相吻合。

关中平原平均年降水量按600mm，基层村落按10hm^{2}计算，则公共空间年均蓄存雨水量理论极大值为 $6 \times 100000 \times 15％ = 9$ 万 m^3。按涝池容量0.5万 m^3 计算，一年内可蓄存18池雨水。但实际情况是降雨只有在短时间内达到一定量时，即遇

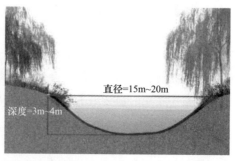

图 4.6　涝池及其剖面示意图

大雨及以上雨情，院内水窖蓄满后，涝池才发挥蓄水的作用。根据关中平原降水资料的分析，汛期（7～9 月）短时暴雨的降雨总量为 300～349mm，按 300mm 计算，则涝池可蓄存 $3\times100000\times15\% = 4.5$ 万 m^3 的降雨。对村落而言有足够的调蓄容量，可有效地平衡雨水资源的季节分布，满足居民日常非饮用用水需求，同时调节村落小气候。

4.5.2　内涝自平衡私有设施——水窖

水窖一般位于院内低处，地平面下，屋顶落水借助院内地面坡度流至水窖处存储，沉淀后在缺水期内供人畜生活使用，窖存雨水一般用于牲畜饮水、家庭洗涮用水。在两个水窖之间由管道相连，将收集雨水先存储于第一个水窖中，完成沉淀、初步净化，净化后的雨水通过管道流入第二个水窖，这时水就可以供日常使用了。

由于地下空间温度较低，可在一定程度上抑制细菌生长，同时窖内壁使用当地的老红土铺设，使得水既不外渗，又能净化，从而能保证水质。

水窖有方和圆两种基本形状，一般窖口宽 0.4m，窖体水平截面边长或直径约为 3m，深 4m，体积为 28～36m^3（图 4.7）。按汛期降雨量 300mm，基层村落 10hm^2，

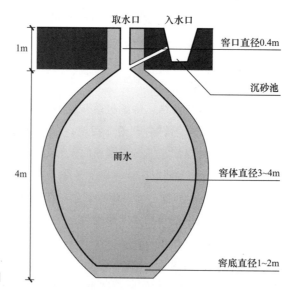

图 4.7　水窖剖面示意图

150 户，每户一口水窖计算，则一座四合院汛期可蓄存 $3 \times 100000 \times 30\%/150 = 600m^3$ 雨水，则每年每户可理论上至少蓄存 16～20 窖水。

关中平原缺水地区村落中，水窖至今仍在使用（图4.8），一般一家有 1～2 个水窖，多的有 3～4 个。但今天水源不局限于雨水收集，还可以买水灌注进水窖存储，买来的水可供人饮用。

图4.8　现状水窖照片

4.6　现代规划启示

虽然传统村镇和现代小城镇的结构、职能、规模都有很大不同，但作为人居环境单元，其整体结构和布局的生态性、科学性有着相通的规律。传统村镇雨涝自调用的生态化规划思路及量化分析数据，可以为小城镇相关规划提供参考。

4.6.1　规划模式

古人将雨涝应对策略架构于整体时空结构布局之初，不同于现代城市规划"先空间布局后设施配置"的做法，小城镇不宜盲目套用大城市规划建设模式。小城镇总体规划中应充分发挥雨洪管理规划、防灾规划的决策作用，改变以往仅作为空间规划的附属技术支撑角色。小城镇规划建设应基于人居环境地域生态营建经验，现代化转译涝池、水窖、低洼林地等的储水措施，探索能够协同雨洪管控、生态结构与人居环境系统的小城镇规划模式，突出小城镇生态有机组织的组团式形态，形成小城镇生态、绿色、低碳和景观的特色。

4.6.2　单元概念

内涝自平衡系统中"单元"是一个很重要的概念，在传统村镇中，基层村落单元规模主要取决于涝池规模及其服务半径；村落规模则由基层村落单元规模及数量决定。由此，对当前小城镇规划建设的启示为：在湿陷性黄土的关中平原，将小城镇因地制宜地划分为若干内涝自平衡单元，是内涝防治的根本措施。首先，明确公共蓄水设施系统的规模及其服务区域之间最优的面积关系，可通过计算得出，基本单元内市政绿化养护及消防用水需求量，在降水量、用水量和蓄水量之间探索其空间对应关系，从而推算出一定规模蓄水设施的服务半径；其次，在基本单元内进一步确定小城镇雨涝自平衡体系的层级、设施类型和布局要求；再次，探寻单元间互相影响和组织的规律和方法，并由此对小城镇空间规模测算提供科学、生态的依据。当单元划分与规模测算方法成熟后，应将其量化指标及设施配置标准等成果编入村镇规划标准中，具体指导类似的小城镇规划建设。

4.6.3　平衡原理

从低影响开发技术，到海绵城市以及生态文明建设，无一不是在寻求人与自然环境、生态环境之间的平衡，而关中平原传统村镇中对于雨涝的态度、做法，恰恰朴素地符合了这样的一种平衡，其中蕴含着的平衡原理如下：1. 灾害与资源的错时平衡。通过空间设计、人工设施把雨季的暴雨灾害转为旱季的水资源，将因过度集中而成为灾害的夏季雨水错季分时加以利用，变害为利，实现灾害与资源之间的平衡转化；2. 生产、生活、生态空间的体系平衡。首先在人类生存所需的生产、生活这两大空间体系中分别实现各自的平衡，因此自然界生态平衡的科学规律没有被打破，进而人类生产、生活空间与所处的生态环境之间实现宏观平衡，形成架构合理的平衡体系；3. 宅院、住区与田园空间的层级平衡，通过一系列实用的设计（宅院有水窖、邻里有涝池、住区有基层村单元、田园有人地适宜的规模比），从小到大、由低而高逐层实现不同层级内的空间规模、设施规模和供水量之间的平衡，同时层级之间也建立起动态的平衡关系。

4.6.4　测算方法

基于传统村落雨涝自平衡的研究过程及成果，针对关中平原城镇可建立如下的测算及研究逻辑：模型量化测算——空间数字模拟——基本单元定形——单元群落间隙调控——社会功能耦合。首先，建立城镇基本类型空间最小规模时的雨涝平衡模型，测算出不同暴雨强度下其内的现状雨水蓄、渗、排的数量，以及内涝积水量，同时与市政需水量进行对比，以明确差额并完成数字模拟；其次，基于上述测算及模拟，选择适宜的本土化、现代化的自平衡技术，明确其设施类型、规模、布局原则，从而确定基本单元的规模及构成；再次，针对若干基本单元组织形成的单元群落进行研究，探索其单元间隙的动态调控机制，保障由小到大的层级平衡；最后，将社会功能、景观格局与自平衡单元进行功能耦合和空间匹配，从而实现多元、复合、自平衡的解决该地区内小城镇内涝问题的规划途径体系。

5 关中平原小城镇内涝衍生机理分析

小城镇在快速城镇化过程中沿着城市的足迹，即将或正在走入城市当前面临的困境，要遏制并扭转这一局面，需要找准问题、把握关键，理清小城镇内涝灾害衍生的机理。

本章基于调研成果，从聚落、片区、院落、设施四个层面，分别得出了关中平原现代小城镇镇区形态演进、建筑群体组织、居住建筑形制以及雨水管理设施四方面存在的问题，从而初步揭示了小城镇内涝灾害的衍生机理，寻找当前小城镇内由于空间组织不当而引发内涝的关键点。

5.1 聚落空间——镇区形态演进与内涝灾害衍生

5.1.1 建设区形态的演进

分两个层面分析镇域内村镇建设用地近几十年来的变化过程，通过图示及量化分析，揭示快速城镇化以来，小城镇建设的基本情况。

① 多个样本横向比较，基于调研的 20 个建制镇，分析其 10 年来（2007～2017年）镇区的形态及规模变化情况（图 5.1），梳理关中平原小城镇镇区变化的普遍规律。

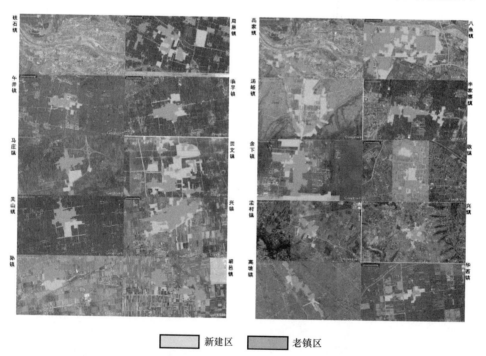

新建区　　老镇区

图 5.1 关中 20 镇近十年（2007～2017 年）镇区形态变化示意图

关中平原小城镇基本上是在原有较大村庄的基础上缓慢扩展而成，布局相对紧凑，由于受地形等因素的限制较少，故镇区形态与道路关系密切，一般在道路的带动下，呈现出带状"一层皮"或边界零散建设的发展规律。通过量化和图示

分析，近十年来镇区形态存在较大的变动，主要体现在以下两方面：规模急剧扩大、面状代替线状。（图 5.2、图 5.3）

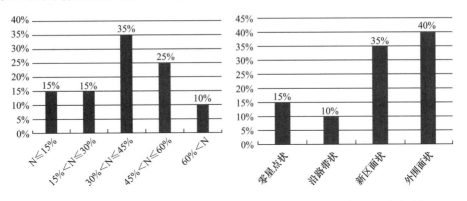

图 5.2　十年 20 镇镇区面积增长比例分析图　　图 5.3　十年 20 镇镇区形态变化分析图

由统计可知：十年来，镇区面积增加了 30%～60% 的小城镇合计占总数的一半，面积增加了 60% 以上的占总数的 10%，小城镇总体建设量空前增加；而形态变化方面，以面状增长为最主要形式，包括新区面状发展和老城外围面状发展，合计占总数的 75%。

关中平原小城镇在这一快速的发展变化过程中，老镇区内院落、道路等下垫面在逐步硬化，排水管网却没有及时科学设计、合格施工，造成老镇区内积水现象增多加重。在新建区内，完全以城市为蓝本进行建设，传统生态建设智慧被抛弃，但由于资金、技术等方面原因，在规划、设计、施工等各个环节上均难以保证建设的质量，小城镇新区以面状形态快速铺开，导致大量的不透水下垫面猛增，且新建区域的尺度超过小城镇适宜的规模，使得小城镇新建区内积水现象层出不穷。

②典型案例纵向剖析，以西咸新区沣西新城大王镇镇域范围为界，以 5 年为时间节点，分析整理了 1988～2018 年大王镇镇域内村镇建设区面积的变化过程（图 5.4），通过规模变化数据及其与镇域面积比值（表 5.1），深入剖析其变化过程，探索其与内涝灾情内在的关联性，从而揭示出内涝灾害的衍生机理。

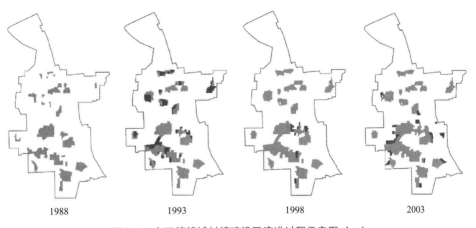

1988　　　　　　1993　　　　　　1998　　　　　　2003

图 5.4　大王镇镇域村镇建设区演进过程示意图（一）

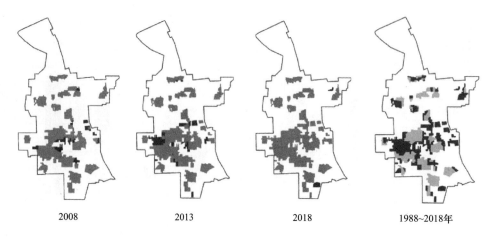

2008　　　　　　2013　　　　　　2018　　　　1988~2018年

图5.4　大王镇镇域村镇建设区演进过程示意图（二）

| | | | | | | 表 5.1 |

1988～2018 年大王镇镇域村镇建设区面积增长一览表

年代	镇域面积 （km²）	建成区面积 （hm²）	建成区面积/ 镇域面积	增加面积 （hm²）	增加面积/ 镇域面积	增加面积/5年前 建成区面积
1988	23.3	288.04	12.36%	—	—	—
1993	23.3	401.63	17.24%	113.59	4.88%	39.44%
1998	23.3	421.86	18.11%	20.23	0.87%	5.04%
2003	23.3	476.93	20.47%	55.07	2.36%	13.05%
2008	23.3	534.11	22.92%	57.18	2.45%	11.99%
2013	23.3	621.69	26.68%	87.58	3.76%	16.40%
2018	23.3	636.06	27.30%	14.37	0.62%	2.31%
平均	—	—	—	58.00	2.49%	14.70%

通过对大王镇建设区规模变化数据和形态演进图示（图5.5、表5.1）的分析可知：

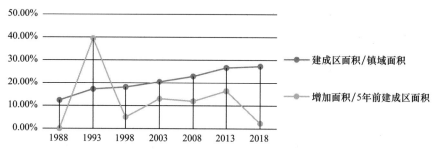

图5.5　1988～2018年大王镇镇域村镇建设区面积增长比例示意图

① 在近三十年快速城镇化阶段，大王镇镇域内建设区面积以每五年平均约 14.70% 的速度稳定增长，建设区面积已经是 30 年前的 2.28 倍。

② 镇域内村、镇建设用地形态从 30 年前的"点状分散"逐渐演变为"面状连续"的状态，从每五年建设区形态变化图示可知大王镇村、镇建设用地的增加以"新区面状"和"外围面状"为最主要的增长方式，基本属于"摊大饼"的建设模式，这样的空间布局和建设区形态，无形中增加了雨水排放的规模和难度，使得建设区内部的雨水更易于滞留。

③ 镇域内北部，村庄均是在原有基础上向外围扩张建设，尤其是最初的 5 年内扩建明显，稳定之后形态变化缓慢，目前基本仍保持着"大分散小集中"的格局，村内内涝灾情较少。

④ 镇域内中部，以大王西村和东村为核心的镇区，已经由 30 年前的 7 个分散的聚落连接成为 1 个连续的建设区域，增加的建设用地以居住、工业和道路为主要的用地类型。其中，新建宅院由于下垫面和储水方式的改变，使得源头上增加了雨水的排放量；工业用地（以纸制品加工，水泥、玻璃等建材加工为主要内容）占地面积大、绿地率低，造成其内雨水下渗和滞留水平降低；道路的建设是当前改善交通和居住条件的必要途径之一，大王镇区内路面已全部硬化，有水泥路面和沥青路面两种，以水泥路面为主，但由于经济等各方面原因造成设计和施工质量较差，存在竖向不合理造成积水、路面被雨水浸泡后加速破损、雨水管道设施低质不足等镇区问题。在多方面因素的综合作用下，造成中部内涝灾情严重，夏季暴雨时，积水最深处达到 1.20m，严重影响居民的生产生活。

5.1.2　镇区下垫面比例关系

下垫面解析是分析城市降雨径流机制的基础，结合大王镇的实际情况，将下垫面分为建筑区、道路、绿地、水体、裸地和农田六类。

利用现状用地类型图、遥感影像图、现状地形图以及现状水系图等，对不同下垫面进行分割和分类[106]（图 5.6）。

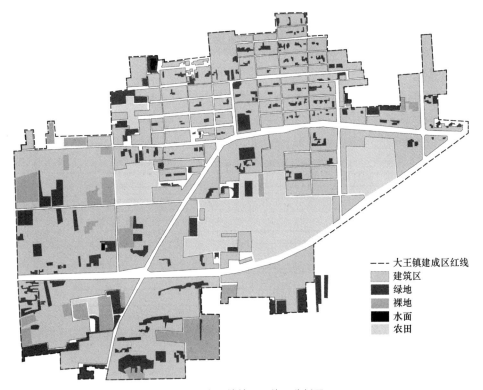

图 5.6　大王镇镇区下垫面分析图

大王镇镇区六类下垫面类型解析结果（表5.2）。在所有下垫面中，建筑区约为351.68hm²，约占总面积的55.29%。

大王镇镇区下垫面构成一览表　　　　　　　　表5.2

下垫面类别名称		面积（hm²）	占总建设用地的比例（%）	占总用地的比例（%）
建设用地	建筑区	351.68	64.67	55.29
	道路	99.86	18.36	15.70
	裸地	35.30	6.49	5.55
	绿地	56.42	10.38	8.87
	水体	0.51	0.09	0.08
非建设用地	农田/预留地	92.29	—	15.70

在调研过程中，发现小城镇的内涝也存在于农田之中，这也是小城镇内涝与大城市内涝的差异之一。由于镇区与农田紧密相接，镇区内过量雨水直接排入农田是当前小城镇的常见做法。由于雨水积蓄造成土地盐碱化、作物减产绝收等现象，给低洼处的农地使用者带来极大的困扰（图5.7）。

图5.7　降雨时农田积水现状

基于大王镇镇区下垫面构成研究成果，将其按照下垫面透水性进行分类，依据不同的径流、渗透系数取值，结论为：大王镇镇区排放雨水比例为61.02%，可容纳（蓄、渗）镇区雨水总量的22.60%（表5.3）。

大王镇镇区雨水"蓄、渗、排"量化分析　　　　表5.3

下垫面透水性	类型	占总用地比例	径流系数	排放雨水比例	渗透系数	容纳雨水比例
10%~20%不透水面	绿地	8.87%	0.20	1.77%	0.50	4.44%
30%~50%不透水面	裸地	5.55%	0.30	1.67%	0.35	1.94%
	农田/预留地	15.70%		4.71%		5.50%
75%~100%不透水面	道路	15.70%	0.55	8.64%	0.15	2.36%
	建筑区	55.29%	0.80	44.23%	0.20	8.29%
100%透水面	水面	0.08%	—	—	1.00	0.08%
合计		100.00%		61.02%		22.60%

（系数选取来源：张智（编）．排水工程（上册）第五版［M］．北京：中国建筑工业出版社，2015．）

大王镇是关中小城镇的一个典型代表，近十年建设区面积增长了19.09%，略低于关中平原小城镇的平均发展速度，其下垫面的硬化程度和现状雨水容纳量可以反映出关中平原小城镇的概况。从分析数据可知：大王镇现状镇区的雨水容纳量22.60%与传统村镇中60%~65%的降雨都被以多种形式存蓄形成了鲜明的反差。经过三十年的快速建设后，关中小城镇已经抛弃了千百年来习得并传承的雨涝平衡智慧，走上了和大城市一样的"硬化积水"的道路。

5.2 公共空间——外部空间设计与内涝灾害衍生

本研究中，小城镇的公共空间指院落或公共建筑外部开辟出的全天开放供公众使用的室外场地空间，主要包括镇中心广场、宅前场地、街道和道路、公共绿地等开放空间，其负载的生态调节和防灾功能直接涉及安全和健康的基本要求。不论是在城镇总体还是在局部环境中，公共开放空间系统对于提升城镇空间环境的容灾、适灾能力，降低灾害损失，具有不可替代的作用。[107]

关中平原小城镇公共开放空间在小城镇镇区中约占 36%❶（图5.8、表5.4），是从院落、建筑向道路过渡的重要空间，在这一区域内设置有渗井、雨水管等设施，开放空间的设计内容直接影响到雨水的排蓄效果。本研究以大王镇为对象，分析其开放空间的现状问题，挖掘公共开放空间设计与内涝灾害衍生之间的关系和规律。

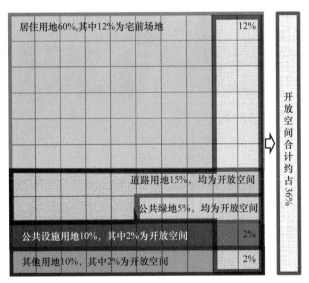

图 5.8 关中小城镇用地结构及公共开放空间占比示意图

关中平原小城镇公共开放空间基本构成一览表　　　　　　　　表 5.4

用地类型	用地占比	公共开放空间类型	公共开放空间占比
居住用地	60%	宅前场地	12%
道路用地	15%	道路及广场	15%
公共绿地	5%	绿地	5%
公共设施用地	10%	公共室外开放场地	2%
其他	10%	公共室外开放场地	2%
合计	100%	—	36%

❶ 数据来源于实地调研资料及作者自行测算结果。

5.2.1 绿地广场

小城镇内规整、成规模的公共绿地、广场极少，平均每镇绿地占地约为3.1%，半数小城镇绿地广场比例不足2%，20%的小城镇没有绿地和广场。主要是由于小城镇镇区外部的绿色空间已能满足居民需求，加之居民普遍重视庭院内外的绿化，在镇区内布置集中大规模绿地并不实用，使得小城镇虽然公共绿地较少，但绿化空间并不稀缺。[108]小城镇内绿地以宅前、院内为最主要的形式。

大王镇镇区内共有广场2个，分别位于大王西村和大王东村。西村广场面积0.33hm²，东村广场面积0.77hm²，东村广场可分为南北两部分（图5.9）。

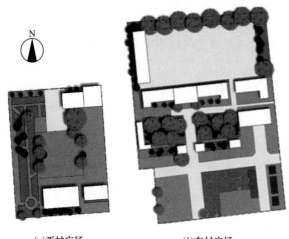

(a)西村广场   (b)东村广场

图5.9　大王镇广场平面图

西村广场绿地率为26.13%，东村南部广场绿地率为33.36%，这两处广场逢暴雨必涝，其内绿化均采用种植草坪的模式，没有采用本土植物。而种植草坪在其生命周期内，用于灌溉、化肥、修剪等养护工作的成本较高，需水量大，且浅根系也不能发挥太多的渗透之类的生态效益，保水性差。

东村北部广场绿地率为53.37%，绿化为多种本地植物混种的形式，气候适应性强，属于节水型绿地，雨水就地渗透较好，同时管理维护成本低，具有较好的经济和环境效益。暴雨时，广场内的绿地基本能够吸纳广场内部不透水下垫面内积存的雨水。

大王镇广场雨水平均"蓄、渗、排"量化分析表　　　　　表5.5

下垫面透水性	类型	占广场面积比例	径流系数	排放雨水比例	渗透系数	容纳雨水比例
10%~20%不透水面	绿地	37.07%	0.30	11.12%	0.45	28.32%
75%~100%不透水面	铺地	62.93%	0.55	18.53%	0.15	9.44%
合计		100.00%	—	29.65%	—	38.76%

（系数选取来源：张智（编）. 排水工程（上册）第五版［M］. 北京：中国建筑工业出版社，2015.）

基于大王镇广场用地下垫面构成研究成果，按照下垫面透水性进行分类，依据不同的径流、渗透系数取值，可知：大王镇镇区广场可容纳（蓄、渗）广场内雨水总量的38.76%，排放雨水比例为29.65%（表5.5）。其中东村北广场容纳雨水高于平均水平，内涝情况较少，东村南广场和西村广场低于平均水平，逢雨必涝。

5.2.2　宅前场地

小城镇各家院落入口前均有 40m² 左右的室外场地，此处空间承载着院落和道路之间高差处理、院内雨水排放组织、宅前植物种植、人们日常交流等功能，也是小城镇风貌特色的重要组成部分（图 5.10）。

图 5.10　关中小城镇院落宅前场地现状

目前，关中平原小城镇基本普及了自来水，每院的入户门前有自来水龙头及给水管道。此外，部分小城镇在此区域还设置有渗井，主要解决各院内雨水、污水的初步排放问题。

宅前场地存在一定设计与使用方面的问题，其中与内涝相关的主要有：

（1）宅前场地竖向设计缺失。相邻院落入口处高差不统一，造成低处积水；绿地与硬质场地标高相同，导致无法吸纳更多雨水，无法很好地发挥绿地源头减排的应有作用。

（2）院内雨水排放口位置不合理。每户院内均有出水口将雨水排出，但绝大多数都直接排放至道路，并未与场地内绿地相连通，既浪费雨水资源，又增加了雨水排放量。尤其在暴雨时短时集中大量排放院内雨水，使得道路两侧形成集中积水区域（图 5.11）。

图 5.11　关中小城镇宅院雨水出水口现状

5.2.3　街道和道路

街道和道路是一种基本的线性开放空间，既承担了交通功能，又是组织市井生活的空间场所，还是院落雨水外排的直接承载空间，是小城镇居民生活环境中很重要的组成部分。

1. 道路系统

据调研，关中平原小城镇镇区道路用地约占总用地面积的15%，其设计及建设原则、标准、设施及质量，直接关系到镇区内涝灾情的程度。关中平原小城镇镇区道路可分为主干路、干路、支路、巷路四级（表5.6），基本实现全面硬化，部分镇区支路两侧有排水沟渠。镇区路网布局基本体现"窄路幅、高密度"的原则，从另一个侧面界定了"街坊"这一面状生活空间单元的尺度，与组团的适宜规模相符合。

镇区道路规划技术指标表　　　　　　　　表 5.6

技术指标	道路级别			
	主干路	干路	支路	巷路
道路红线宽度（m）	24~36	16~24	10~14	—
车行道宽度（m）	14~24	10~14	6~7	3.5
每侧人行道宽度（m）	4~6	3~5	0~3	0

以大王镇为例总结小城镇的道路系统在暴雨时的不同状态，得出以下结论：关中平原小城镇主干路建设质量及排水情况较好，内涝积水程度最低；干路和支路均为硬化路面，是小城镇内最主要、比例最高的道路类型，同时也是积水情况最多、最深的区域所在；巷路多存在于老村内或为卫生巷，路面质量较差，存在部分土路，下渗较好，不易积水，但下雨时较泥泞。

主干路多为过境的省道、国道，下敷设有排水管网，路边有雨水口；干路是镇区内主要车行通道，车行道宽度7~12m，部分干路下有雨污合流的排水管道，但不成体系；支路连接主路与巷路，车行道宽度6~7m，部分支路两侧有排水明渠；巷路为组团内的联系道路，道路宽度3~5m，无排水设施。

2. 道路横断面设计

关中平原小城镇现状道路断面设计完全参照城市道路的一块板混合断面设计，雨水管理以快排为主要指导原则，道路断面中没有雨水生态化"中途蓄滞"、就地减量的设计考虑（图5.12）。

(a)主干路

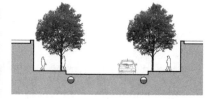

(b)干路

图 5.12　现状道路照片及其横断面示意图（一）

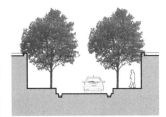

(c)支路

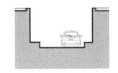

(d)巷路

图5.12 现状道路照片及其横断面示意图（二）

　　道路系统竖向设计整体性不足且施工质量有限，导致道路交叉点出现较多低洼点，即使雨后其他下垫面已干燥，低洼点的积水仍持续存在。暴雨时，雨水根本无法依靠重力自排。此外，还有雨水无法就近排入雨水口的现象（图5.13）。

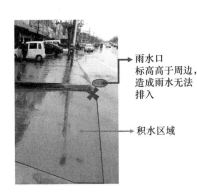

图5.13 关中小城镇道路竖向设计现状问题分析图

5.3 院落空间——居住建筑形制与内涝灾害衍生

　　由于关中小城镇镇区建设用地中，居住用地占50%～60%，且以房居院落为主要形式，如果把小城镇看作一个生命体，那么房居院落可以看作是小城镇的"细胞"，是小城镇空间系统的重要基本单位，是决定小城镇下垫面构成的基质，从源头上直接影响到小城镇雨水排放量。

　　"窄院"是关中传统房居院落的主要类型，具有遮阳、通风（夏季拔风，冬季挡风）、避暑、排水以及节约用地方面的优势。随着整体经济水平的提高、生产生活方式的改变以及技术手段的发展,现代新建宅院在传统窄院的基础上有了较大的变化,主要体现在群体组织、空间布局、屋顶形式、下垫面构成等方面,这些变化也对院落内雨水的消纳方式和规模产生了影响。

本部分从这四部分分别阐述关中新建宅院的现状及其对雨水消纳的影响,并以大王镇为例随机选择四个片区(大王西村、大王东村各两个)进行院落分析(图5.14)。对关中新建院容纳雨水的现状情况进行量化分析,尝试从源头上揭示院落这一小城镇基本单位在内涝灾害衍生方面所起的作用。

图 5.14　大王镇抽样片区位置示意图

四个片区样本用地面积为2.56hm²,共计84个院落,平均每个院落用地面积约299m²,略小于传统关中窄院一进院落(330m²)的规模;院落长宽比均值为1:3.4,仍符合关中窄院的基本形制(表5.7)。

大王镇院落片区抽样信息汇总表				表 5.7
名称	用地面积	用地尺寸	院落个数	院落用地均值	院落尺寸均值
片区一	0.81hm²	124m×65m	13×2	312m²	9.5m×32.5m
片区二	0.44hm²	68m×62m	9+8	259m²	7.5m×31m
片区三	0.43hm²	148m×29.7m	15	287m²	9.9m×29.7m
片区四	0.88hm²	145m×69m	13×2	338m²	11.2m×34.5m
合计	2.56hm²	—	84	299m²	9.5m×32m

5.3.1　群体组织

对建筑群体组织的研究,主要分析在不同的组织布局模式下,若干院落所形成的空间形态与雨水消纳之间的关系。

在不考虑管渠等因素的情况下，单纯就建筑群体的空间组织展开分析，将关中传统窄院院落（A）分别沿横向（X方向）、纵向（Y方向）进行排列组合（用 A_{XnYn}、A'_{XnYn} 表示，其中 A 为南北向入口院落，A' 为东西向入口院落，Xn 为沿 X 方向有 n 座院落，Yn 为沿 Y 方向有 n 座院落），院内雨水外部消纳可以出现以下几种情况（表5.8）。

院落组织分析表　　　　　　　　　　　表5.8

（1）四个方向均可消纳雨水——独院式（A_{X1Y1}、A'_{X1Y1}），院内雨水可直接向外围排放。单个院落是建筑群体组织最基层的构成要素，基于气候、风水、习惯等因素，在关中平原地区以南北向入口的窄院为最主要的形式。

（2）三个方向可供消纳雨水——纵横向双拼式（A_{X1Y2}、A_{X2Y1}、A'_{X1Y2}），以及单行或单列拼接式的端头院落（A_{X3Y1}、A_{XnY1}、A_{X1Y3}、A_{X1Yn}、A'_{X1Y3}、A'_{X1Yn}），每院有三个方向可以向外排出雨水。

（3）两个方向可供消纳雨水——单行或单列拼接式的中部院落（A_{X3Y1}、A_{XnY1}、A_{X1Y3}、A_{X1Yn}、A'_{X1Y3}、A'_{X1Yn}），以及多行或多列拼接式的端头院落 [A_{X2Y2}、A_{X3Y2}、A_{XnY2}、A_{X2Y3}、A_{X2Yn}、A_{X3Y3}、A_{XnY3}、$A(A')_{X3Yn}$、$A(A')_{X3Yn}$]，每院有两个方向可以向外排出雨水。

（4）一个方向可以消纳雨水——双行或双列拼接式的中部院落（A_{X2Y2}、A_{X3Y2}、A_{XnY2}、A_{X2Y3}、A_{X2Yn}），以及多行或多列拼接式最外层的中部院落 [A_{X3Y3}、A_{XnY3}、$A(A')_{X3Yn}$、$A(A')_{X3Yn}$]，每院有两个方向可以向外排出雨水。

（5）外部无法直接消纳雨水——多行或多列拼接式的内部院落 [A_{X3Y3}、A_{XnY3}、$A(A')_{X3Yn}$、$A(A')_{X3Yn}$]，没有与外部场地相接的界面，无法直接向外排水，理论上也是积水产生的位置。

理论上，n个A沿X方向横向拼接，均不会产生雨水无法外排的问题。但在实际中，院落的组织不可能延单一方向无限延展下去，院落个数受道路间距等因素的影响，一般不超过200m（20户）。同样，n个A沿Y方向纵向拼接，也不会产生雨水排放的问题，但当n>2时，中部的院落会出现主入口位于东西侧的宅院长边，但实际中受关中居住习惯（窄面宽长进深的院落形制）、风水等因素的影响，不存在这种模式。故当院落沿Y方向纵向拼接时，以东西向主入口的A'院落为基本元素进行拼接，在居民点边缘处南北向道路的外侧，会有这种布局方式的院落组团，规模与道路长度相关，一般不超过100m（10户）。

实际中，以A_{XnY2}模式最为常见，一般横向不超过200m（即**n≤20**）。关中房居式院落以窄长型四合院为基本形制，宽长比为1:3～1:7，一般占地350m²（按10m×35m计算），则适宜的组团规模为14000～20000m²。

如表中所示，当纵向、横向均超过3个院落 [$A(A')_{XnYn}$，**n≥3**] 时，中心部位就会出现院内雨水无法直接外排的情况，此时产生由于空间布局造成积水的可能性。传统村镇此种布局不常见，小城镇更新建设过程中，随着新建筑体量变大和布局方式的改变（不透水下垫面增多），在建筑物和硬质地面的共同作用下，用地面积不断增大，突破了适宜的组团用地规模，开始出现效果类似 $A(A')_{XnYn}$、**n≥3** 的排布方式，不借助排水管渠根本无法向外排水，从根源上造成了积水的出现。

基于以上研究，得出如下结论：关中平原小城镇居住建筑的组织形式以街坊式为主，通过院落沿街道横向拼接的方式形成一定规模的街坊，这也是小城镇区别于城市的一个最重要空间、风貌特征。小城镇应以小尺度的街坊住区为宜，以150～200m的道路网间距划分街坊住区，街坊的规模适宜控制在4.0hm²范围内，即横向 15～20 个院落，纵向 2～4 排，中间以道路进行分割，合计 60～80 个院落。这种局部的布局形式适宜于小城镇的生活，并且不会在组团内部产生内涝。

5.3.2 空间布局

生活需求的满足和质量的提高是促进居住建筑空间演变的主导因素。随着各种现代家用电器如洗衣机、电冰箱等，现代市政基础设施如自来水管网等，以及现代生活方式在小城镇的出现而衍生出相关使用功能的改变。相应的院落内建筑的空间布局也随之产生变化，院内的室外场地形态及比例也发生了巨大的变化（图 5.15）。

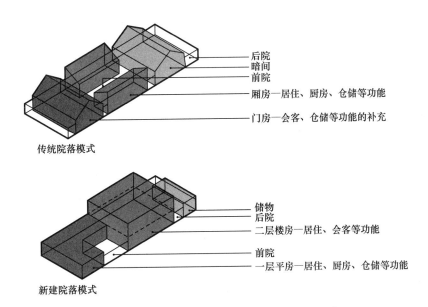

图 5.15 关中平原小城镇居住院落空间布局演变示意图

关中现代新建宅院的室外场地按位置划分，有以下几种主要类型（表 5.9）。

抽样院落场地—建筑构成一览表   表 5.9

位置	模式图	占用地平均比例	此类型在抽样院落中的占比
前院		55%	7%
中院		31%	34%
后院		47%	4%

续表

位置	模式图	占用地平均比例	此类型在抽样院落中的占比
前中院		39%	2%
中后院		45%	29%
前后院		68%	15%
无院落		0%	8%
前中后院		—	0%
平均		40.30%	—

　　从分析数据可知：大王镇现状宅院内室外场地平均占比为40.30%，大于传统关中窄院内场地约25%的数据，反映出当今关中新建院落内建筑密度在减小，随着生活空间类型更多，且功能更加细化，居住建筑的空间布局更紧凑，功能更现代化（图5.16）。

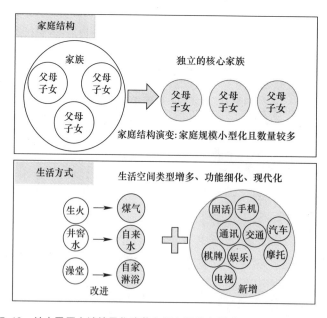

图5.16　关中平原小城镇居住院落空间布局演变影响因素分析示意图（一）

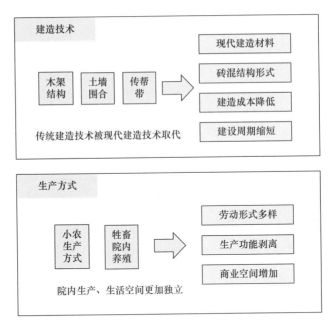

图5.16　关中平原小城镇居住院落空间布局演变影响因素分析示意图（二）

室外场地则根据地面类型的不同而有不同的接纳方式，绿地有"蓄、渗"的作用，但在新建宅院中比例较小。从抽样的84个院落中可以总结出如下的关中小城镇室外场地构成关系（表5.10）。

抽样院落室外场地下垫面构成关系一览表　　　表5.10

室外场地类型	模式图	位置	硬质界面平均占比	在抽样院落中的占比
全部硬质		中院	100.00%	7.96%
硬质＋裸土		后院	61.71%	23.25%
硬质＋绿地		后院	67.84%	32.57%
硬质＋裸土＋绿地		前院	49.78%	36.22%
平均			62.43%	—

从分析数据可知：

① 大王镇现状宅院内室外场地中硬质界面占下垫面的62.43%，有水泥、水磨石和砖等形式，以水泥为主。

② 所有中院均为硬质界面，这与中院内布局了洗衣、洗漱等生活功能相关，反映出当今关中新建院落室外场地内透水量极少的硬质界面为主要组成部分，加之没有水窖，造成院内场地承接屋顶排水和降水后均需向院外排放，院内容纳雨水量显著减少。

5.3.3 屋顶形式

现代新建宅院由于功能、布局的变化，平屋顶的比例增加，出现了上人屋面，使得集雨屋面的比例整体减小，同时，新增了屋面排水问题。在抽样的 84 户院落中，有以下几种典型屋顶形式（表 5.11）。

抽样院落屋顶形式分析一览表   表 5.11

屋顶形式	模式图	在总用地中平均占比	在抽样院落中占比
平屋顶		69.72%	29.50%
坡屋顶		29.34%	6.00%
平坡结合屋顶		57.93%	64.50%
平均值		59.70%	—

在调研的 84 户院落中，院内均无水窖等储存雨水的设施，所有院内雨水都需要外排，从容纳雨水的角度来看，平屋顶、坡屋顶可以等同于无法下渗的场地。其中平屋顶还需要雨水管排放屋面雨水。

5.3.4 下垫面构成

从雨水吸纳的角度看，关中现代新建宅院的下垫面由屋顶、室外场地构成，其中屋顶接纳的雨水全部排放，综合以上屋顶、室外场地的分析，从抽样的 84 个院落中可以总结出如下的关中小城镇下垫面构成关系（表 5.12）。

关中平原小城镇新建宅院下垫面构成均值测算一览表   表 5.12

下垫面类型	占院落用地平均比例	模式
屋顶	59.70%	
硬质铺地（水泥）	17.62%	
硬质铺地（砖砌）	7.55%	
裸土	6.67%	
绿地	8.46%	
合计	100.00%	

基于上述宅院下垫面构成数据，可以通过以下公式计算得出小城镇宅院的不透水下垫面的占比：

屋顶占比＋场地占比×硬质界面占比＝新建宅院不透水下垫面占比

$59.70\% + 40.30\% \times 62.43\% = 84.86\%$

即关中平原小城镇新建宅院不透水下垫面占比为84.86%。这一数据充分反映出当前关中平原小城镇新建宅院的"硬化"程度。

5.3.5　量化测算

在理清了关中小城镇现代新建宅院下垫面构成后，量化分析点状源头——院落空间中雨水"蓄、渗、排"的比例，测算以表3.7中的标准院落为例，得出如下结果（表5.13）。

关中小城镇现代新建宅院雨水"蓄、渗、排"量化分析　　表5.13

下垫面透水性	类型	占院落用地比例	径流系数	排放雨水比例	存蓄系数	容纳雨水比例
不透水面	屋顶	59.70%	0.85	50.75%	0.00	0.00%
	水泥铺地	17.62%	0.85	14.98%	0.10	1.76%
弱透水面	砖砌铺地	7.55%	0.40	3.02%	0.20	1.51%
	裸地	6.67%	0.30	2.00%	0.35	2.33%
	绿地	8.46%	0.20	1.69%	0.50	4.23%
合计		100%	—	72.44%	—	9.84%

（系数选取来源：张智（编）. 排水工程（上册）第五版［M］. 北京：中国建筑工业出版社，2015.）

则可估算出关中平原小城镇现代新建宅院容纳雨水的比例为9.84%。

通过对院落空间下垫面及其容纳雨水量的分析，将数据取整后可得：当前关中平原小城镇居住用地内中72.44%的降雨都被排放到道路上，远大于传统村镇院落中约10.50%的雨水排放量，院落空间格局和下垫面的变化导致院落容纳雨水比例由41.66%降低为9.84%，从源头上增加了雨水的排放量，加大了街道的排水压力，传统村落雨涝自调用的智慧在现代小城镇院落建设中已经消失，是关中平原小城镇内涝灾害衍生的重要原因之一。

5.4　雨水设施——雨水蓄排设施与内涝灾害衍生

本部分主要从储水设施和排水设施两方面着手，分析当前关中平原小城镇雨水管理设施类型、方式及规模的变化，及其对内涝灾害衍生的影响。

5.4.1　储水设施

关中平原小城镇目前存在以下几种储水类型，用于存储井水、自来水，以及少量雨水：

① 储水容器：在供水管网健全但只能间歇供水的地区，宅院内常见水缸等容器（图 5.17）。

② 机井水箱：将机井水用水泵抽至屋顶水箱，再与院内各个水龙头相连，以供应日常用水，这种方式可以保证不间断供水，且技术可靠，造价相对较低（800元左右），在管网不完善的地区新建户中大量存在（图 5.18）。

图 5.17　关中平原小城镇院落内 　　图 5.18　关中平原小城镇院落内
　　　　　储水设施——水缸 　　　　　　　　储水设施——机井水箱

③ 储水窖水箱：在只能间歇供水且地下水较少，不宜利用的地区，存在将潜水泵设置在储水窖内的做法，将水窖内的水抽至屋顶水箱，再流入各水龙头。此为机井水箱的适应性做法。

④ 池塘：传统涝池已被大量废弃，图 5.19 为北杜镇涝池的现状照片，已被部分填埋，成为垃圾堆积的空间，传统涝池储存、净化雨水的功能已丧失。同时，无处排放的雨水无组织地汇集到镇内低洼处，图中为一户的农田，但因为地势较低，雨季时长期被雨水浸泡，已无法种植。

图 5.19　镇内雨水无组织地汇集到低洼处现状

在个别小城镇中也出现了新式的纳污坑塘试点项目（图 5.20），但主要是针对镇区内的污水处理而设置的，且并未大量建设。

随着给水基础设施的逐渐完善，当前关中平原小城镇中心街区大多采用自来水管网供水，对于雨水的利用程度较之以往大幅降低，传统雨水存储设施（如水窖、涝池等）被大量废弃（图 5.21），雨水资源被浪费，同时从居住院落到公共空间内的雨水都需要寻找新的排放空间和路径，无形中加重了雨水排放压力，使得内涝灾害具备了必要的前提条件。

图 5.20　关中平原小城镇新式纳污坑塘现状

图 5.21　关中平原小城镇传统涝池被废弃现状

当然，供水基础设施的现代化发展有助于提高小城镇生活用水的质量，是很有必要的更新措施，但在大力发展供水设施的同时，不应废弃雨水存储设施，应借助现代技术进一步优化传统雨水存储设施，将存蓄下来的雨水用于清洁、灌溉等适宜的用途，使其更好地推动当地的雨水资源再利用工作。这样，才有助于在三季干旱、夏雨集中、水资源有限的关中地区小城镇实现低成本的、生态化的发展。

5.4.2　排水设施

由于关中平原小城镇经济水平普遍不高、建设资金有限等多方面原因，其内小城镇排水管网设施的全覆盖、高质量建设并不现实，小城镇道路排水管网面积普及率约 40%～60%[109]。在仿照大城市快排模式的排水管网建设过程中，其排水体制均为雨污合流制，且仅在镇区内主干道下敷设排水管道，管道的设计、施工、维护等全线管理水平较低，存在相关设计埋深数据缺失、管道堵塞严重、新旧管道衔接错位等问题。其他区域尚只有明渠或简单排水渠道，基本上都是由自然沟或泄洪渠、农田灌溉渠发展而成，没有系统管渠。当大量雨水就近、分散地排入沟渠中时，如果没有沟渠则顺坡自由排放。

大王镇的道路系统中，主干路下敷设有雨污合流制的管道，干路中仅有一条有排水管道，其余干路、支路及巷路均无排水管网及排水沟渠，雨水直接排放至路面，最终排向低洼地和农田。

5.5 小结

本章目的在于通过对调研对象的剖析，揭示关中平原现代小城镇内涝灾害的衍生机理，寻找导致问题出现的关键节点，以便于有针对性地逐个击破。

由于内涝灾害是个系统性问题，故采用从整体到局部、由大到小的研究思路进行梳理。调研分两步展开，分别是关注 20 个城镇聚落形态和发展历程的多样本横向比较层面，以及关注一个典型代表城镇内部与内涝各要素的典型案例纵向剖析层面。

从聚落空间、公共空间、院落空间、雨水设施四个层面，分别得出了关中平原现代小城镇镇区形态演进、外部空间设计、居住建筑形制以及雨水蓄排设施四方面存在的问题，从而初步揭示了小城镇内涝灾害的衍生机理。结论如下：

① 聚落空间层面：十年来，20 个小城镇中镇区面积增加了 30%～60% 的小城镇合计占总数的一半，面积增加了 60% 以上的占总数的 10%，小城镇总体建设量空前增加；而形态变化方面，以面状增长为最主要形式，包括新区面状发展和老城外围面状发展，合计占总数的 75%。大王镇是其中的一个典型代表，近十年建设区面积增长了 19.09%，略低于关中平原小城镇的平均发展速度，其下垫面的硬化程度和现状雨水容纳量可以反映出关中平原小城镇的概况。从分析数据可知：大王镇现状镇区的雨水容纳量仅为 22.60%，是传统村镇的 1/3。

老镇区内院落、道路等下垫面在逐步硬化，排水管网却没有及时科学设计、合格施工，造成老镇区内积水现象增多加重。在新建区内，完全以城市为蓝本进行建设，传统生态建设智慧被抛弃，但由于资金、技术等方面原因，在规划、设计、施工等各个环节上均难以保证建设的质量，小城镇新区以面状形态快速铺开，导致大量的不透水下垫面猛增，且新建区域的尺度超过小城镇适宜的规模，使得小城镇新建区内积水现象层出不穷。

② 公共空间层面：关中平原小城镇公共开放空间在小城镇镇区中约占 36%，是从院落、建筑向道路过渡的重要空间，在这一区域内设置有渗井、雨水管等设施，公共开放空间的质量直接影响到雨水的排蓄效果。小城镇内规整、成规模的公共绿地、广场极少，平均每镇绿地占地约为 3.1%，半数小城镇绿地广场比例不足 2%，20% 的小城镇没有绿地和广场。小城镇内绿地以宅前、院内为最主要的形式。

小城镇各家院落入口前均有 40m² 左右的室外场地，此处空间承载着院落和道路之间高差处理、院内雨水排放组织、宅前植物种植、人们日常交流等功能，也是小城镇风貌特色的重要组成部分。宅前场地存在主要问题有：宅前场地竖向设计缺失，院内雨水排放口位置不合理，既浪费雨水资源，又增加了雨水排放量。

关中平原小城镇主干路建设质量及排水情况较好，内涝积水程度最低；干路和支路均为硬化路面，是小城镇内最主要、比例最高的道路类型，同时也是积水情况最多、最深的区域所在；巷路多存在于老村内或为卫生巷，路面质量较差，存在部分土路，下渗较好，不易积水，但下雨时较泥泞。现状道路断面设计完全参照城市道路的一块板混合断面设计，雨水管理以快排为主要指导原则，道路断面中没有雨水生态化"中途蓄滞"、就地减量的设计考虑。

③ 院落空间层面：以大王镇为例随机选择四个片区（大王西村、大王东村各两个）84 个院落进行分析，剖析院落群体组织、内部空间布局、屋顶和下垫面等方面存在的致涝因素。

其中主要结论为：大王镇现状宅院内室外场地平均占比为 40.30%，大于传统关中窄院内场地约 25% 的数据，反映出当今关中新建院落内建筑密度在减小。现状宅院内室外场地中硬质界面占下垫面的 62.43%，有水泥、水磨石和砖等形式，以水泥为主；院落室外场地内透水量极少的硬质界面为主要组成部分，加之没有水窖，造成院内场地承接屋顶排水和降水后均需向院外排放，院内容纳雨水量显著减少。

关中平原小城镇新建宅院不透水下垫面占比为 84.86%；容纳雨水比例为 9.84%。则当前关中平原小城镇居住用地内中 72.44% 的降雨都被排放到道路上，远大于传统村镇院落中约 10.50% 的雨水排放量，院落空间格局和下垫面的变化导致的院落容纳雨水比例由 41.66% 降低为 9.84%，从源头上增加了雨水的排放量，加大了街道的排水压力，传统村落雨涝自调用的智慧在现代的小城镇院落建设中已经消失，是关中平原小城镇内涝灾害衍生的重要原因之一。

④ 雨水设施层面：当前关中平原小城镇中心街区大多采用自来水管网供水，对于雨水的利用程度较之以往大幅降低，传统雨水存储设施（如水窖、涝池等）被大量废弃，雨水资源被浪费，同时从居住院落到公共空间内的雨水都需要寻找新的排放空间和路径，无形中加重了雨水排放压力，使得内涝灾害具备了必要的前提条件。

通过对大王镇的详细调研，量化测算了小城镇下垫面的变化对于小城镇内涝灾害衍生的具体影响程度，其结果对于解决小城镇内涝防控的途径选择，提供了方向和目标；明确了现代小城镇的形态结构、下垫面构成、院落布局、雨水设施等，均不利于雨水的吸纳，加之传统雨水收集设施基本被废弃，内涝灾害衍生极为迅速的过程和趋势。

6 关中平原小城镇
内涝自平衡模式构建

人类社会已经进入了生态文明阶段，以人、自然、社会和谐共生、良性循环、全面发展、持续繁荣为基本宗旨。在城镇系统中，既不能一味强调人类的发展，又不能局限于自然环境的全盘保护，需要在人工环境和自然环境之间寻找理性的平衡，并在寻求平衡的过程中盘旋向前发展。

"任何城市的发展，都是分散与集中相互对抗而形成的暂时平衡状态"[110]。尤其是在水资源短缺、暴雨集中、地势低平的关中平原，经济欠发达、内涝频发、特色丧失的小城镇急需要适合自身环境、经济、风貌的发展建设路径。以实现在城镇的空间结构面对不可预测的发展规模和速度的情况下，能持续稳定地保持安全和健康的生态条件，实现有机的、富有生长弹性的、健康的城镇机体[111]。

本研究所提出的内涝自平衡模式，是探讨在人工干预不可避免的背景下，怎样的小城镇能实现雨水输入、雨水利用与雨水排放等环节间的动态平衡？是生态文明、绿色建筑理念在小城镇空间中的体现，是低影响开发技术的地域化应用探索。本研究立足关中平原小城镇，以内涝自平衡为原则和目标，多角度、多层面探索绿色、可持续的小城镇空间设计方法。主要包括关中平原小城镇中微观层面规划原理与设计方法的优化，小城镇空间结构与形态特色的塑造，小城镇生态功能结构与生活功能结构的空间匹配等内容，并将其凝练、提升为关中平原小城镇内涝自平衡模式。

6.1 自平衡概念

6.1.1 "自平衡"概念本源

谈"自平衡"，首先需要说清楚什么是"平衡"。

"平衡"包含三种含义：①对立的两个方面、相关的几个方面在数量或质量上均等或大致均等；②几股互相抵消的力作用于一个物体上，使物体保持相对的静止状态；③平稳安适[112]。本研究中取第一种含义，即小城镇的雨水、积水与用水这三个相互关联、对立的方面在数量和分布上的大致均等。

关于平衡的理论很多，未有统一的定论，总的说来，平衡理论认为：事物总是从一种平衡到不平衡再到新平衡的螺旋式循环中得以发展[113]（图6.1）。宇宙新陈代谢的表现形式就是万物的平衡循环：现物质（平衡）→崩溃分解（不平衡）→新物质（新平衡）。

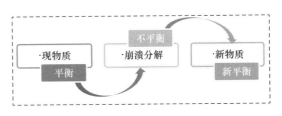

图6.1 平衡循环模式示意图

在平衡哲学中的自我平衡理论认为，万物都有趋向自身平衡的本性。自我平衡存在于系统的内部结构，表现为系统为适应环境而进行的内部结构平衡，总会从不稳定趋向稳定。万物自我平衡表现在各层次上：玄子→原子、分子→宇宙天体；基因→细胞→个体；个体→种群→生物；个人→组织→社会；要素→系统→环境等。[113]57

在水文基本术语和符号标准中，水量平衡的定义为地球上任一区域或水体，在一定时段内，输入与输出的水量之差等于该区域或水体内的蓄水变量[114]、[115]。水量平衡反映了生态系统水分收支情况，是蒸散、地表径流和土壤水分存储变化量与降雨之间的平衡，是一种动态平衡状态[116]、[117]，为区域内的水资源分配和管理提供参考。水均衡法也称水量平衡法或水量均衡法，是全面研究某一地区（或均衡区）在一定时间段内（均衡期一般为1年）地下水的补给量、储存量和消耗量之间的数量转化关系的平衡计算，水均衡法的理论基础是质量守恒原理[115]42。

"平衡"被引入物理学领域后，成为静力学中的一个核心概念，指两个或两个以上的力作用于一个物体上，它们的合力为零，使物体处于相对静止状态、匀速运动状态[118]。除此以外，平衡在社会、政治、哲学等领域均有其相应的含义，存在于从微观到宏观的各个层面，是宇宙万物重要的基本定律之一。不同学科从各异的研究内容出发，衍生出多种平衡理论，如应用哲学平衡论，一般平衡论，生态平衡论，国际国内经济、政治、军事平衡论，农业平衡论，海德的人际关系平衡理论，水量平衡理论等。在岩土工程领域，基于利用试桩自身反力平衡的原则，提出了"自平衡"概念，是一种高效、先进的静载测试技术。

综合以上各理论，自平衡可以看作是在事物发展变化过程中，基于质量、能量守恒原理而产生的一种自适应、自调节的状态，既是目标也是方法。

6.1.2 "自平衡"概念拓展

自平衡在各个学科领域内广泛存在，比如系统论中的"自组织现象"；物理学中的"作用力与反作用力"；生态学认为植物、动物、微生物会自动与外界交换物质、能量和信息；博弈论中的生物亲序，即所有生物在恶劣、未知的环境中都有寻找规律和有序的本能[119]、[113]42。

本研究所涉及小城镇内涝"自平衡"，是平衡理论在城乡规划、建筑学学科领域内的一种拓展，针对关中平原小城镇旱涝并存的问题，以小城镇空间布局设计的优化为切入点，在功能构成、规模调控、指标体系、空间组织及设施配置多个层面进行设计，协同解决小城镇内涝频发、结构混乱和特色丧失等问题。提出内涝自平衡的空间模式，完善小城镇规划设计理论与方法，形成适宜关中平原及其他平原地区小城镇的建设模式。

通过这样的拓展和研究，能够进一步正确认识小城镇及其发展规律，并按规律办事，进而实现小城镇的科学、和谐发展。把小城镇雨水内涝这一复杂问题进行系统研究，通过剖析产生问题的各个因素及其之间的关系，在不同层级上整体协调矛盾点，使得整个小城镇空间系统在雨水消纳方面实现平衡。

6.2 小城镇内涝自平衡模式的构建

6.2.1 自平衡思路

城镇雨水控制以源头控制、雨水径流最小化和分散雨水径流峰值时段为最优模式。为了实现在规划布局时尽可能地提供可以消纳雨水的空间，以规划手段减少管道排放的雨水量的目标，本研究提出以"分级消解＋多元利用"为着眼点和目标的雨水四级消解与利用思路，并与空间规划相关联（图6.2）。

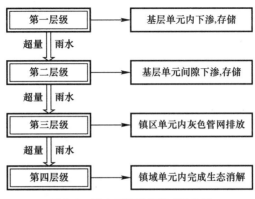

图6.2 雨水四级消解模式示意图

首先，在基层院落单元内部完成雨水的第一级消解。院落单元的下垫面被分为：透水界面、不透水界面和蓄水界面三种。降雨时，落在不透水界面（建筑屋顶、道路、不透水铺装面等）的雨水先排向单元内的透水界面和蓄水界面，再由透水界面（绿地、透水铺装面等）完成下渗，由蓄水界面（水面、蓄水设施等）完成雨水存储。

其次，在基层单元间隙完成雨水的第二级消解。当降雨量大于基层单元内部的消纳量时，超出的雨水通过单元内已有的管网系统排出，由单元间隙的下垫面接收。单元间隙是由以绿地为主要类型的生态用地（以自然、透水界面和蓄水界面为主），具有防护隔离、户外休闲等生态、景观功能，同时，兼具吸纳单元排出雨水的作用。

再次，在镇区灰色管网主系统中完成雨水的第三级消解。当一、二级设施全面启动尚不足以消纳降雨时，超量的雨水则通过镇区中的灰色管网主系统接纳，并排向下一层级的雨水接纳设施。

最后，在区域生态单元内完成雨水的第四级消解。镇区灰色主管网系统将超量雨水排放至镇域内的生态用地内，由大中型雨水湿地、生态公园等设施完成雨水的第四级消解，最终在镇域层面实现降雨的生态自平衡全过程。

自平衡过程中除了雨水的消解，还有再利用，只有将存蓄的雨水加以有效利用，才能真正实现缺水和积水之间的平衡，才能真正使雨水资源发挥作用，才能真正减少对洁净水源的需求量。对于雨水的再利用，将主要结合院落空间和开放空间进行思考和设计。

6.2.2　自平衡模式

基于关中平原小城镇快速发展过程中的内涝客观问题、自然地理环境和建设经济条件，提出小城镇内涝自平衡模式，目的在于探索一种针对小城镇雨水消纳问题的空间应对方法，这种空间布局方法能够生态、经济地解决关中平原小城镇三季干旱缺水和夏季内涝成灾并存的现实问题，使雨水、积水、用水这三个相关的要素，在空间和时间两方面达到大致均等的"平衡"状态，减少引入和排出的水量，使雨水资源在小城镇内部实现微循环、自平衡。

通过内涝自平衡设计，将"灰色"雨水排放系统由当前小城镇唯一性的排水设施转变为补充性的设施。通过"灰色＋绿色"，且以"绿色"为主的生态化规划解决方式，减少雨水外排，最大化地实现降雨量、消纳量与管道排放量之间的平衡，使雨水排放无害化、资源化，同时排放方式生态化、经济化（图6.3）。

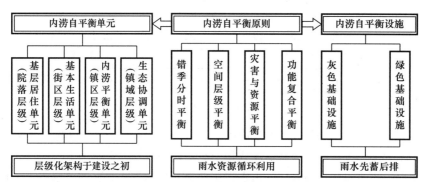

图6.3　小城镇内涝自平衡关系示意图

小城镇内涝自平衡模式主要通过数学关系、指标系统和单元体系这三方面来建构（图6.4）。数学关系用以揭示雨水、积水、排水、用水之间最基本的数量关

图6.4　内涝自平衡模式内容关系图

系和联动效应；指标系统目的在于明确在自平衡过程中具有关键控制作用的指标类型，并结合关中平原小城镇的客观情况，给出有指导价值的相关指标数值，以便于推广使用；单元体系从空间层级、规模和平衡对象、内容等方面进行具体的分析，其研究成果将直接指导空间规划设计的工作。通过这三方面的协同研究，共同构成小城镇内涝自平衡模式。

6.3　小城镇内涝自平衡的数学关系

6.3.1　动态平衡的关系

城镇系统是一个极其复杂的巨系统，其内包含着多种多样互相关联、依存、制约的子系统、因素。内涝自平衡是城镇中与水、物质空间组织相关的子系统中的一个复杂问题。对内涝自平衡的研究并不是要达到宏观静止的平衡状态，而是动态的、相对的平衡，是寻求物质（雨水）流在城镇中交换、转化、流动的动态过程中，实现最大限度的自我循环，以提高生态效率。因此，内涝自平衡单元是一种相互制约的、协调的、动态平衡的数学关系。即通过空间的科学规划，使得内涝自平衡单元在某时间段内，其下垫面接收的雨水量与各种形式消纳雨水的变化量、蒸发量之差额小于管道排放的雨水量，从而缓解内涝灾害的发生和加重，同时实现雨水的有效利用，达到雨水在人工城镇环境内的动态平衡。

6.3.2　数学关系的表达

首先，表达降雨量、渗透量、排放量、蒸发量之间的基本数学关系；其次，由表达式可知，上述四种指标之间存在着平衡的关系，而自平衡模式是能够有效实现城镇生态系统中水量平衡的一种重要途径。

各要素的数学关系如下：

$$P - \Delta S - E \leqslant Q \tag{6-1}$$

$$\Delta S = P \times \sum_{i=1}^{n} a_i k_i + S_{\text{蓄}} \tag{6-2}$$

$$A = \sum a_i \tag{6-3}$$

其中：

P 为降雨量；

ΔS 为雨水消纳量；

E 为蒸发量；

Q 为管道排放量；

a_i 为各类下垫面面积；

k_i 为各类下垫面渗透系数；

$S_蓄$ 为蓄水量；

A 为用地面积。

由上式可知：降雨量是不可控要素，但数据可测得；管道排放量、下垫面类型及结构是人为建设的结果，其规模和类型可由科学的规划设计控制；而蒸发量、蓄水量、渗透量均取决于下垫面类型及结构、绿色水基础设施的类型和数量。因此，下垫面的类型和比例关系，绿色水基础设施的类型和配比是需要重点分析的内容和目标。

6.4 小城镇内涝自平衡的指标系统

为了实现并检验小城镇内涝自平衡的目标，需要通过一系列的量化指标来控制、评价和指导实施。在对自平衡单元进行量化分析时，需要从雨量和下垫面两方面来进行指标控制，参数控制指标主要针对单元内雨水径流量而提出，为设计明确了前提和目标，空间指标对设计提出了具体的控制要求。

6.4.1 参数控制指标

雨水系统安全可靠性与规划设计标准直接相关。参数控制指标主要包括暴雨重现期、暴雨强度、设计降雨量、综合径流系数四项，是说明降雨情况的相关指标，是确定下垫面设计标准和评估规划设计平衡效果的前提，人力不可控，但可根据需要选择合理的取值，是固定值。在选择时应客观，取值越大则设计标准越高，必须结合小城镇的实际需要灵活选择。

（1）暴雨重现期

在排水设施的规划设计标准中，暴雨重现期是一个重要的参数，指在一定长的统计时间内，等于或大于某暴雨强度的降雨出现一次的平均间隔时间[120]，单位是年（a）。它是根据城镇的社会经济发展水平、积水后财产损失的程度等多方面因素决定的。由于历史原因，我国的城镇雨水系统设计重现期一直比较低，以前建设的城镇雨水排水工程绝大多数为1年或低于1年重现期的设计标准，甚至有1年4遇的设计标准。这大大低于一般发达国家的设计标准。[121]

重现期包含雨水管渠设计重现期和内涝防治设计重现期。雨水管渠设计重现期是指用于进行雨水管渠设计的暴雨重现期[122]；内涝防治设计重现期是指用于进行城镇内涝防治系统设计的暴雨重现期，使地面、道路等地区的积水深度不超过一定的标准[123]。在同一城镇中，两者针对不同目标取值不同，内涝防治设计重现期大于雨水管渠设计重现期。目前，由于我国常规城市规划设计中，仅有管道系统（小排水系统），主要应对常见雨情（设计暴雨重现期一般为2年一遇），降雨通过常规的雨水管渠系统收集排放；尚没有针对超常雨情（设计暴雨重现期一般为50~100年一遇）的城市内涝防治系统（大排水系统）[121]46。经济水平较低的小城镇就更没有相应的内涝防控措施。

我国对于城市雨水管渠设计重现期和内涝防治设计重现期在现行国家标准《室外排水设计规范》GB 50014—2006（2016 年版）中有明确的要求（表 6.1、表 6.2）："雨水管渠设计重现期应根据汇水地区性质、城镇类型、地形特点和气候特征等因素，经技术经济比较后按规范的规定取值，并应符合下列规定：人口密集、内涝易发且经济条件较好，宜采用规定的上限；新建地区应按本规定执行，既有地区应结合地区改建、道路建设等更新排水系统，并按本规定执行；同一排水系统可采用不同的设计重现期"；"内涝防治设计重现期应根据城镇类型、积水影响程度和内河水位变化等因素，经技术经济比较后按表的规定取值，并应符合下列规定：人口密集、内涝易发且经济条件较好，宜采用规定的上限；目前不具备条件的地区可分期达到标准；当地面积水不满足表的要求时，应采取渗透、调蓄、设置雨洪行泄通道和内河整治等综合控制措施；超过内涝设计重现期的暴雨，应采取预警和应急等控制措施"，[124]但没有明确针对小城镇提出相应的指标。

雨水管渠设计重现期（年）一览表 表 6.1

城镇类型 ＼ 城区类型	中心城区	非中心城区	中心城区的重要地区	中心城区地下通道和下沉式广场等
特大城市	3～5	2～3	5～10	30～50
大城市	2～5	2～3	5～10	20～30
中等城市和小城市	2～3	2～3	3～5	10～20

（来源：GB 50014—2006. 室外排水设计规范［S］. 北京：中国计划出版社，2016.）

内涝防治设计重现期（年）一览表 表 6.2

城镇类型	重现期	地面积水设计标准
特大城市	50～100	1. 居民住宅和工商业建筑物的底层不进水；
大城市	30～50	2. 道路中一条车道的积水深度不超过 15cm
中等城市和小城市	20～30	

（来源：GB 50014—2006. 室外排水设计规范［S］. 北京：中国计划出版社，2016.）

表中小城市指区常住人口在 50 万以下的城市，其规模大于关中平原小城镇规模，且由于小城镇的经济水平、设计及施工质量总体来说低于小城市，故不宜直接参照小城市取值，应综合考虑关中平原小城镇的实际条件，确定相应取值（表 6.3）。

小城镇雨水管理系统设计重现期（年）一览表 表 6.3

重现期类型 ＼ 用地类型	镇区	村	农田
雨水管渠设计重现期	2	1	—
内涝防治设计重现期❶	5	5	5～10

❶ 农业生产区内相应的为农田设计排涝标准，指一定重现期的暴雨在一定时间（3 日）内排除，使作物不致显著减产。

（2）暴雨强度

暴雨强度是指单位时间内的降雨量。由暴雨重现期的大小来决定，由设计决定取值，是固定值，工程上常用单位时间单位面积内的降雨体积来计。各地暴雨强度公式中系数取值不同，并随时间变化需要不断校核更新，本研究中以西安市为例，进行测算。选取最新的暴雨公式[125]进行计算，得出不同降雨历时下对应的降雨量数据（表6.4、表6.5）。

不同重现期下 2 小时降雨量数据一览表　　　　　表 6.4

降雨量（mm）　地区	重现期 P（年）			
	2	3	5	10
咸阳站	27.21	33.74	41.92	53.13
鄠邑站	30.88	36.57	43.71	53.42
泾阳站	28.53	35.48	44.23	56.14

（数据来源于西安建筑科技大学卢金锁教授团队关于西安市暴雨强度公式，以及西咸新区暴雨强度公式推求的相关研究成果。）

不同重现期下 24 小时降雨量数据一览表　　　　　表 6.5

降雨量（mm）　地区	重现期 P（年）			
	2	3	5	10
咸阳站	48.41	58.19	72.03	88.32
鄠邑站	58.53	69.72	80.24	94.91
泾阳站	52.90	64.88	79.97	94.67

（数据来源于西安建筑科技大学卢金锁教授团队关于西安市暴雨强度公式，以及西咸新区暴雨强度公式推求的相关研究成果。）

设计排水防涝、城镇防洪设施时，宜采用长历时雨型（可按汇流时间，从24小时雨型中选取含峰值的时段）；设计城镇管渠系统时，由于汇水面积小，汇流时间短，且侧重于峰值流量的推求，宜采用2小时雨型。此表中数据，西安市各小城镇可直接选取使用，关中平原其他地区小城镇可参照选择。

本研究中选择鄠邑站 1 年一遇两小时降雨量 12.79mm，2 年一遇两小时降雨量 30.88mm 和 5 年一遇 24 小时降雨量 80.24mm 进行相关测算。

（3）综合径流系数

径流系数是一项综合参数，指径流量与降雨量的比值，直接影响着城镇雨水工程设施设计中设计标准的确定，进而对雨水系统的整体设计、施工、造价产生原则性影响，其值随汇水区地面情况而变。径流系数是一个动态变量，其影响因素很多，难以测定其精确数值，在规划设计中通常采用综合径流系数。径流系数通常采用现行国家标准《室外排水设计规范》GB 50014—2006（2016 年版）中所规定的数值（表6.6、表6.7），综合径流系数则按汇水面上各种性质的下垫面，通过面积加权平均（式6-4）求得。[126]

$$\Psi = \sum_{t=1}^{n} S_t \Psi_t / S \qquad (6\text{-}4)$$

Ψ：径流系数；

S：下垫面面积。

径流系数取值一览表　　　　　　　　　　　表 6.6

地面种类	ψ
各种屋面、混凝土或沥青路面	0.85～0.95
大块石铺砌路面或沥青表面处理的碎石路面	0.55～0.65
级配碎石路面	0.40～0.50
干砌砖石或碎石路面	0.35～0.40
非铺砌土路面	0.25～0.35
公园或绿地	0.10～0.20

（来源：GB 50014—2006. 室外排水设计规范［S］. 北京：中国计划出版社，2016.）

综合径流系数取值一览表　　　　　　　　　　　表 6.7

区域情况	ψ
城镇建筑密集区	0.60～0.70
城镇建筑较密集区	0.45～0.60
城镇建筑稀疏区	0.20～0.45

（来源：GB 50014—2006. 室外排水设计规范［S］. 北京：中国计划出版社，2016.）

由于大王镇的各项数据基本处于关中平原小城镇的平均值，具有典型性和代表性，基于前文中对大王镇下垫面的测算，根据镇区用地结构，推算出镇区综合径流系数为 0.61（表 6.8），处于规范中城镇建筑密集区与较密集区的临界状态。由于大王镇区内包含部分农田，含农田的综合径流系数为 0.61，不含农田的综合径流系数为 0.67（表 6.9），故本研究关中平原小城镇现状综合径流系数计算取值为 0.65。

大王镇镇区（含部分农田）现状综合径流系数计算表　　　表 6.8

类型	占总用地比例	径流系数
绿地	8.87%	0.20
裸地	5.55%	0.30
农田/预留地	15.70%	
道路	15.70%	0.55
建筑区	55.29%	0.80
水面	0.08%	—
均值	—	0.61

大王镇镇区（不含农田）现状综合径流系数计算表　　　表 6.9

类型	占总用地比例	径流系数
绿地	8.98%	0.20
裸地	7.03%	0.30
道路	17.79%	0.55
建筑区	66.18%	0.80
水面	0.02%	—
均值	—	0.67

6.4.2 空间设计指标

内涝自平衡所涉及的空间设计指标，是能够直接引导控制具体的建设活动的，可以与小城镇详细规划、重点地段的城市设计和建筑设计管理工作直接对接，主要包含雨水存储、渗透和利用这三种方式的相关空间设计指标，其中雨水存储的指标为院落蓄水容量，雨水渗透的指标为绿地下沉率、硬质场地透水铺装比例，雨水利用的指标为雨水利用率。

① 雨水存储指标——院落蓄水容量

针对居住院落提出的院落蓄水容量，指每户宅院中均需要设置雨水存蓄设施，按照院落规模满足不同的蓄水体积指标要求。

② 雨水渗透指标——绿地下沉率、透水铺装比例、绿色屋顶覆盖比例

绿地下沉率：指高程低于周围汇水区域的低影响开发设施（含下凹式绿地、雨水花园、渗透设施、具有调蓄功能的水体等）的面积占绿地总面积的比例[127]，下沉绿地率计算方法适用下沉深度大于 100mm 的下凹式绿地，小于 100mm 的绿地不计面积。

透水铺装比例：针对硬质场地提出控制，主要包括人行道、停车场、广场等人工铺砌的硬质下垫面，其内采用透水铺装的面积占其总面积的比例[128]。

由于关中小城镇居住建筑屋顶以坡顶＋露台为主要形式，其中露台承担晾晒功能，不适宜采用绿色屋顶，本研究不涉及绿色屋顶覆盖比例指标，在后续研究中可体现在公共建筑中。

③ 雨水利用指标——雨水利用率

指收集的雨水作为非饮用水源（用于道路浇洒、园林绿地灌溉、市政杂用、工农业生产、冷却等）的总量（按年计算），与年均降雨量的比值。

此类指标需要根据规划地块的现状、规划开发强度以及规划暴雨重现期等来具体测算[22]65。在各个指标的指导下，各地块内部具体量化以下内容：设施的类型、个数和存水量（植被蓄水沟的面积、旱井的个数以及雨水收集装置的个数等），可渗透铺装的使用率和面积。

6.5 小城镇内涝自平衡的单元体系

"平衡"既是一种对状态的描述，又是一种动态的过程，对其的追求和应用广泛存在于各领域内，在土木工程领域结构的静力分析中存在"自平衡单元"，在水文领域的水循环过程中存在"水量平衡"规律等，而本研究中所指的"内涝自平衡单元"是为了防控小城镇内涝灾害而提出的一种空间单元。内涝自平衡规划方法有别于现行的城乡规划编制技术，以解决内涝问题为目标和突破口，加入可持续雨水管理工程思路和方法，对现行城镇空间布局技术进行局部优化更新。

　　理想的自平衡是一个复杂的系统，不同层级、不同功能之间彼此相互影响又协调配合，正如一个完整的生命个体（图6.5）。

图6.5　小城镇内涝自平衡单元体系示意图

　　其中，各个微观单元就相当于生命体中的细胞、组织，而每个分区则是由若干细胞、组织（片区基本生活单元为基本元素）构成的器官，各个器官（分区）进一步构成系统（中观镇区单元），由各个系统（镇区、镇区外生态用地等）有序组织最终形成完整的生命个体（宏观镇域单元）。

　　基于小城镇的规模、特征，本研究的内涝自平衡单元体系自上而下可分为镇域生态协调单元、镇区内涝平衡单元、片区基本生活单元、院落基层居住单元四个层面。

6.5.1　院落基层居住单元

　　院落作为小城镇最主要的居住空间形式，是整个自平衡单元体系中的"细胞"，也是雨水在镇建成区内排放的源头，本研究选择院落居住单元作为内涝自平衡单元体系中的基层单元，目的在于从源头上控制雨水的排放。

　　同时，关中新建宅院也是西北地区建筑学领域内研究的一个重要对象，在其空间设计中植入雨水可持续管理的设计理念，并将相关设施和技术融入院落的建设中，从而实现雨水源头控制、径流最小化，会对关中平原地区民宅的生态化建设起到积极的作用。

　　在内涝灾害衍生机理分析时，对现代新建宅院的下垫面有了详细的整理，得出了关中平原小城镇新建宅院不透水下垫面占比为：84.86%，居住用地内中72.44%的降雨都被排放到道路上，院落容纳雨水比例为9.84%，这一数据充分反映出当前关中平原小城镇新建宅院的"硬化"程度。在院落基层居住单元的研究中，将结合LID设施的布局，重点突破宅院下垫面"过硬"、源头存蓄雨水过少的问题。

　　同时在满足现代小城镇居民生产生活方式的客观需求基础上，通过院落空间的设计和绿色水基础设施的布局，共同实现提升居住品质和提高雨水吸纳水平的目标。

　　院落单元中，重点解决雨水存蓄、利用两方面的内容，其中存蓄方面以明确规模为基本内容，在片区基本生活单元的研究中，对院落基层单元提出了消纳50%降雨量的指标要求，院落雨水具体存蓄体积应根据院落空间、降雨情况、减排目标和杂用水规模综合确定；利用方面以流程和方式为基本内容，将雨水与生活杂用水系统相衔接，与院落空间相匹配。

关中平原小城镇居住院落中可用的 LID 设施主要有透水铺装、下凹式绿地、生物滞留设施、雨水罐、雨水箱、渗管、植被草沟缓冲带、初期雨水弃流设施、人工土壤渗滤等（图6.6）。

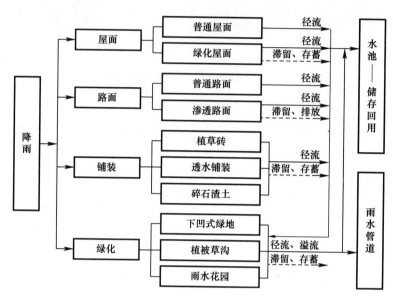

图6.6　院落基层居住单元 LID 设施布局功能及流程示意图

6.5.2　片区基本生活单元

片区基本生活单元是镇区雨涝自平衡分区的基本构成要素，以居住用地为主要对象展开相关研究。本部分将从功能构成、空间组织、适用的绿色水基础设施类型及规模等方面，落实镇区单元提出的相应控制指标。

之所以选择居住用地，是因为居住用地是小城镇空间中的基质型用地，其相对面积最大，在各类型小城镇内的各片区中基本都有分布，对于降雨的源头控制程度也相对较高。若能在片区基本生活单元中，实现降雨的蓄量、渗量与市政用水量达到基本平衡，蓄、渗后的地表径流量与设计排水量达到基本平衡的状态，也就能够从源头上有效控制雨水向城市道路的排放量。同时，片区基本生活单元内将农业融合进来形成生活生产混合片区。居住用地中包含建筑（住宅建筑、公共服务设施建筑等）、绿地（宅间绿地等）、道路及其附属设施等多种基本城镇建设类型，有一定的代表性，相关研究成果具有一定的推广价值。

小城镇居民日常出行均以步行、自行车/电动车为主，其中，步行是大部分居民的主要出行方式，在各种目的的出行中，采用步行的居民比例均在 50% 上下。[129]基于小城镇的居住活动及空间布局特征，本研究内片区基本生活单元的规模和设施布局以人的步行活动为主要考量依据。

人正常步行的速度为 1m/s，则 5 分钟为 300m，面积约 30hm²，综合考虑单元间隙及小城镇实际的空间尺度，将片区基本生活单元规模确定为 30hm² ～ 50hm²。

小城镇应以小尺度的街坊住区为宜，以 150～200m 的道路网间距划分街坊住区，街坊的规模适宜控制在 4.0hm² 范围内，则每个片区基本生活单元又包含 8～ 12 个街坊（图 6.7）。

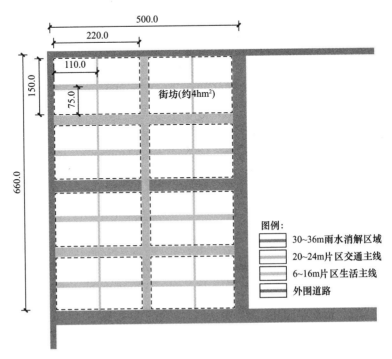

图 6.7　片区基本生活单元—街坊关系示意图

此外，关中平原小城镇镇区中已经出现了小区式居住模式，考虑到生活方式、生活需求的变化，针对小城镇的居住小区也需要展开相关研究。而本研究以院落为主要研究对象，故在片区层面的基本生活单元重点研究街坊式住区的内涝自平衡模式。

6.5.3　镇区内涝平衡单元

中观层面的内涝自平衡单元研究基于小城镇建设区，这里是内涝灾情的主要发生区域，灾情程度与建设情况息息相关。本研究将从内涝防控的角度审视镇区规划设计及建设情况，为新建区提供相应的内涝平衡建设指标及模式，重点对建设用地下垫面的控制和绿色水基础设施的布局展开相关研究。

通过调研可知，关中平原小城镇现状镇区建设用地规模平均约为 2km²（西咸新区优美小镇的建设用地规模为 0.5km²），本研究将关中平原地区小城镇镇区雨涝平衡单元的用地规模定为 1km²，则每个镇区内存在 1～2 个内涝平衡单元（图 6.8）。

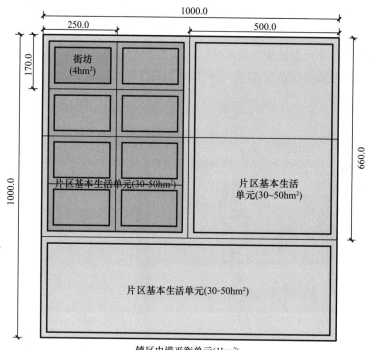

图 6.8　镇区—片区—街坊关系示意图

根据竖向条件、现状排水分区、内涝点分布、地表径流排水方向等实际情况，可将镇区在以居住单元为基本构成的基础上，结合用地功能的差异，进一步叠加并划分为若干自平衡分区，各自平衡分区内主要包含居住、公建、公园绿地、广场道路，少数分区含有工业等功能，各分区共同组成中观层面的镇区综合单元。

本研究在镇区内涝平衡单元内，设置两套雨水管理系统（图 6.9）：绿色雨水系统和灰色雨水系统。

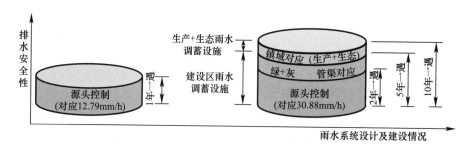

图 6.9　镇区雨涝平衡单元不同设计重现期标准的雨水综合应对系统示意图

绿色雨水系统是以低影响开发设施为主的绿色水基础设施系统，主要针对常见雨情（1 年一遇），减少源头雨水排放量，降低管道排放压力，并在超常雨情时起到一定源头控制、缓释的作用。

灰色雨水系统即管道系统，雨水管渠系统的设计重现期为 2 年一遇。其与镇区内的绿色雨水系统和单元间隙绿色水基础设施一起，协同抵御较大雨情（5 年一遇）。在镇区灰色、绿色两套雨水系统与镇域生产、生态用地雨水调蓄设施的共同作用下，实现10年一遇的小城镇内涝防治设计重现期。

6.5.4 镇域生态协调单元

城镇是一个开放系统，其自身的平衡需要与区域内各要素相互协调、互补，调剂余缺，才可能实现真正意义上的平衡、协调、可持续发展。小城镇的建设是以一定空间地域为基础的，可将其整体视为一个城镇生态单元。

根据对关中平原24个小城镇调研数据的分析，将调研对象按区位、规模分为三类，分别进行研究（图6.10）。按区位分为关中平原腹地（19个）和平原与山区交界（5个）两种，其中在腹地地区内，按照镇域规模，以40km²为临界值，将调研对象分为大（9个）、小（10个）两类，经过比对得出如下结论（表6.10～表6.12）：

图6.10 关中平原小城镇区位及镇域用地情况示意图

关中平原腹地（镇域面积小于40km²）小城镇用地
构成一览表 （单位：km²） 表6.10

镇名	镇域面积	建设区面积		建设区占比	生产区面积	生产区占比	生态区面积	生态区占比
		镇	村					
大王镇	23.30	1.97	4.39	27.30%	15.57	66.82%	1.37	5.88%
北杜镇	33.98	3.15	7.01	29.90%	21.91	64.48%	1.91	5.62%
崇文镇	27.01	3.37	5.59	29.47%	13.5	49.98%	5.55	20.55%
周原镇	21.48	1.54	4.51	28.17%	14.74	68.62%	0.69	3.20%
马庄镇	30.69	1.91	3.81	18.64%	19.19	62.53%	5.78	18.83%
余下镇	28.98	2.31	4.69	24.15%	15.05	51.93%	6.93	12.91%
耿镇	11.44	1.22	2.45	32.08%	7.27	63.55%	0.50	4.39%
孟村镇	33.05	2.24	4.48	20.33%	20.92	63.30%	5.41	16.38%
兴镇	22.61	1.44	2.91	19.24%	17.66	78.11%	0.60	2.65%
华西镇	26.89	1.87	3.74	20.86%	14.91	55.45%	6.37	23.70%
平均值	25.95	2.10	4.36	25.01%	16.07	62.48%	3.51	11.41%

关中平原腹地（镇域面积大于 40km²）小城镇用地
构成一览表 （单位：km²） 表 6.11

镇名	镇域面积	建设面积		建设区占比	生产区面积	生产区占比	生态区面积	生态区占比
		镇	村					
午井镇	54.97	2.01	8.12	18.47%	37.38	67.96%	7.46	13.56%
临平镇	51.1	1.61	6.4	15.68%	40.14	78.55%	2.95	5.77%
辛家寨镇	42.01	1.87	7.32	21.86%	31.84	75.81%	0.98	2.33%
涝店镇	48.99	2.37	9.61	24.47%	34.15	69.69%	2.86	5.84%
史德镇	44.47	1.29	5.19	14.57%	37.04	83.29%	0.95	2.13%
关山镇	46.66	1.95	7.78	20.85%	34.11	73.10%	2.82	6.05%
孙镇	120.19	3.14	18.86	18.30%	89.43	74.41%	8.76	7.28%
朝邑镇	81.69	2.24	8.95	13.70%	64.78	79.30%	5.72	7.00%
阎村镇	46.98	1.31	6.53	16.69%	29.62	63.05%	9.52	14.21%
平均值	59.67	1.98	8.75	18.29%	44.28	73.91%	4.67	7.13%

关中平原与山区交界处小城镇镇域用地
构成一览表 （单位：km²） 表 6.12

镇名	镇域面积	建设区面积		建设区占比	生产区面积	生产区占比	生态区面积	生态区占比
		镇	村					
碳石镇	119.98	2.69	8.07	8.96%	13.95	11.63%	95.28	79.41%
高家镇	130.99	0.66	1.98	2.02%	0.21	0.16%	128.14	97.82%
八鱼镇	106.05	2.01	6.01	7.56%	32.21	30.37%	65.83	62.07%
高塘镇	117.17	0.74	2.23	2.54%	14.89	12.71%	99.30	84.75%
汤峪镇	162.40	0.97	2.92	2.40%	17.04	10.49%	141.46	87.11%
平均值	127.32	1.41	4.24	4.70%	15.66	13.07%	106.00	82.23%

通过分析测算，可知：关中平原腹地内小城镇，无论镇域规模如何，镇区面积平均约为 2km²，占比约为 20%～25%，生产区占比约为 60%～70%，生态区约为 10%。平原与山区交界处小城镇镇域内由于含有大量山体等生态用地（占比约为 80%），其数据在本研究中不具有参照价值，也进一步说明本研究成果的适用范围为平原地区小城镇。

关中平原小城镇的人口规模多在 1 万人以内，镇域内包括镇、村建设用地及其周边农林用地等非建设用地，面积数十平方公里不等，通过对 24 个小城镇的调研，本研究将镇域生态协调单元的规模确定为 20～50km²。

镇域单元主要基于对传统镇村居民点与农林用地规模之间存在的弹性适应现象的总结提升而得出。理想的镇域生态协调单元包括以下三方面主要内容：镇村建设区、农业生产区、基本生态区（图 6.11）。

镇村建设区即镇村居民点是居民生活内容的承载空间，是雨水外排的主要来源，也是内涝的主要

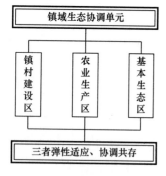

图 6.11 镇域生态协调
单元功能构成示意图

发生区域，其规模、职能、排水设施建设与城镇经济水平相适应，居民点内部"雨、涝、用、排"自平衡。

农业生产区是生产空间，这一区域既需要雨水，又要避免过量集中的雨水，需要农业生产方式、农林用地规模与城镇产业结构相适应，农地灌溉方式合理可持续，需水、用水及排水量自平衡。农林牧用地中排除因降雨影响作物正常生长的多余地表水称为排涝，排除多余地下水、降低地下水位、减小耕作层土壤含水率使作物不致减产称为排渍。农田排水系统由田间排水网汇集多余的田间水量，通过干、支、斗3级沟道组成的输水沟系，或经蓄涝湖滞、蓄后，由排水闸或抽排站排入容泄区；农林用地规模与居民点规模相匹配，居民点用地扩张是理性、生态、高效的发展过程，有其合理的范围，不宜盲目扩大。

基本生态区包含林地、水体、沟壑、山体等类型，理论上讲在这些未进行人工建设的自然环境中，雨水基本可以实现自我消纳，所以镇域生态协调单元内的内涝问题主要存在于镇村建设区和农业生产区内。

在对城镇区域（可能会突破小城镇镇域范围）的自然生态环境，尤其是水生态方面进行评估的基础上，在镇总体规划中划定生态分区、加强各类空间管制，明确禁止开发的范围：河湖水系的控制范围、各类保护区的范围、水生态敏感区、洪水淹没区、雨洪滞蓄区等区域，对这些区域进行严格控制和保护。同时，这些区域属于雨水自平衡区，此内的雨水可以借助自然地理环境自行消纳，无需过多的人工干预。进而，协调自然生态空间与城镇发展空间的耦合布局关系，组织"小集中、大分散"、"多核心、网络化"的镇村发展空间结构[130]。镇域层面主要关注整体量化平衡人工环境与自然环境的关系，土地利用布局需要和城镇整体水文生态安全格局相协调。

基于小城镇自然环境条件、总体规划（如果没有就以建设现状为依据），综合考虑区域水生态安全格局、镇域水生态敏感性分析结果，以镇域内水系（蓝）、绿地系统（绿）为主要对象，完成镇域生态格局的梳理和建构（图6.12）。

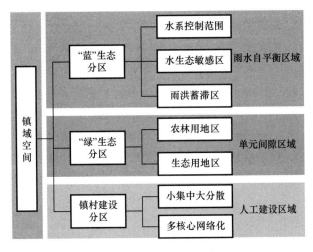

图6.12 镇域生态格局构建框图

镇域内水系统要基于现有河流的水量及宽度，予以疏浚、联通和优化，并明确其在生态大格局中的生态、景观作用；对于现状低洼区可根据实际情况增设湿地水面面积，以预留雨水的蓄滞空间，同时提升景观效果；明确带状水系通廊、点状生态雨洪湿地的空间分布结构框架。绿地系统以线状绿地和面状绿地共同构成，线状绿地主要包括交通廊道及河流廊道两侧绿地；面状绿地主要包括林地、耕地（基本农田、一般农田）、园地等绿地。水系统和绿地系统共同奠定镇域内生态大格局的基底。

镇域层面主要关注非城镇建设空间，整体把握人居环境与自然环境的协调、制约关系：从区域水资源与水环境条件、土地资源条件与城镇建设适宜性等主要方面，解析区域自然生态条件对小城镇选址和建设发展的影响方式、内容、途径和生态过程[130]55，研究结论以水生态安全格局来界定小城镇空间发展的规模和边界，以年径流总量控制率来指导镇域内各级消纳指标的确定，以镇域内"蓝（线）、绿（线）"结构来奠定小城镇空间大格局，以区域绿色雨水基础设施的选型与布局来整体指导镇村体系中基础设施体系的组织。

6.6 小结

本章首先提出了内涝自平衡理念：是平衡理论在城乡规划、建筑学学科领域内的一种拓展，目的在于探索一种针对小城镇内涝的空间应对方法。这种空间布局方法能够生态、经济地解决关中平原小城镇三季干旱缺水和夏季内涝成灾并存的现实问题，使雨水、积水、用水这三个相关的要素，在空间和时间两方面达到大致均等的"平衡"状态，减少引入和排出的水量，使雨水资源在小城镇内部实现微循环、自平衡。

其次，构建了内涝自平衡模式：主要通过数学关系、指标系统和单元体系这三方面来建构。

数学关系用以揭示雨水、积水、排水、用水之间最基本的数量关系和联动效应。通过空间的科学规划，使得内涝自平衡单元在某时间段内，其下垫面接收的雨水量与各种形式消纳雨水的变化量、蒸发量之差额小于管道排放的雨水量，从而缓解内涝灾害的发生和加重，同时实现雨水的有效利用，达到雨水在人工城镇环境内的动态平衡。

指标系统目的在于明确在自平衡过程中具有关键控制作用的指标类型，包括雨量参数控制指标和空间设计指标，并从关中平原自然地理条件出发，结合小城镇的客观情况，为该地区选择了适宜的指标范围，便于类似区域的小城镇参照使用。

单元体系从空间层级、规模和平衡对象、内容等方面进行具体的分析，形成了雨水四级消纳体系为支撑的自平衡思路。其研究成果将直接指导空间规划设计的工作。构建了自下而上的院落基层居住单元、片区基本生活单元（面积为30～

$50hm^2$）、镇区雨涝平衡单元（面积为 $1km^2$）和镇域生态协调单元（包括镇域内镇、村建设用地及其周边农林用地等非建设用地，面积数十平方公里不等）四个层面的自平衡单元体系。通过控制空间单元及其间隙的功能构成、规模调控、指标体系、空间组织及设施配置，来管控区域内雨水径流，借助蓄存、渗透、滞留、利用等方式来减少人工建设区内的雨水排放量。在多个层面进行设计，形成适宜关中平原及其他平原地区小城镇的建设模式。

通过上述内涝自平衡概念、模式建构、数学关系、指标系统以及单元体系等一系列的研究，初步搭建起小城镇内涝自平衡模式的核心体系。本研究最终目的在于通过内涝防控这一契机，对小城镇规划、建设整体模式进行深入研究，整体、系统地提出"内涝平衡单元—生态景观单元—基本聚居单元"一体化协同的小城镇新型空间组织机制。

7 关中平原小城镇内涝自平衡空间匹配方法研究

实现关中平原小城镇内涝自平衡模式，其关键技术是与之相适应的空间匹配方法。小城镇内涝自平衡模式及其空间匹配方法是以可持续发展思想为出发点的一种整体协调的规划思想和方法。它立足小城镇经济水平低、建设规模有限但特色易于突出的客观现实，以内涝防治为切入点，以小城镇内涝自平衡单元为规划对象，以生态环境协调发展、人居空间安全健康、风貌特色得以彰显、建设发展经济可行为目标，应用城乡规划学、建筑学、生态学等多学科知识和技术手段，整合生态规划、镇总体规划、详细规划、雨水工程规划、海绵城市建设等体系和方法，探索生态文明背景下，不同层级的内涝自平衡单元内和单元之间复合系统的相互制约、促进关系，辨识系统中局部与整体、人与自然、保护与发展的关系，寻求合理配置空间资源的规划方法和技术手段，提出自然、经济、景观整体协调发展的空间结构模式和调控对策。

本研究在对关中平原小城镇传统规划方法批判继承的基础上，把系统理论中的单元方法、雨洪管理理论中的低影响开发技术方法、可持续建筑的水资源利用设计方法等内容结合起来，通过注入新思路而产生一种基于可持续发展观的小城镇整体规划方法，是传统与现代规划设计理论与方法的演进和发展。规划重点不在于寻求单一效益的最大化，而在于依靠小城镇空间的合理布局、水生态系统的能动性，在系统内部实现自然协调，追求一种人与自然之间的平衡协调状态，并以此为基础，进一步实现"城镇—乡村"、"人居—自然"协同进化、和谐发展的目标。

7.1 空间匹配目标

城镇是一个复杂的巨系统，其内涉及多种多样的因素，不可能通过一次设计彻底地解决小城镇的多方问题，因而基于内涝自平衡模式的空间匹配规划与设计是一个多方互动、动态连续的设计过程。内涝自平衡的空间需求与场地自然条件和空间方案形态等多要素直接相关，无法在设计之初就全部确定[131]。因此，雨水消纳设施的空间规模成为小城镇规划设计工作的新增步骤。

基于小城镇内涝自平衡模式的空间匹配是指在研究区域自然生态环境区划的基础上，综合运用规划手段、空间组织方法，分别探讨小城镇院落、片区、镇区和镇域的设计策略和方法，四个层次从微观到宏观，由局部到整体，构成了一个人居环境系统与自然环境系统相匹配的整体框架，其内涉及多种类型的规划内容。从不同的空间层次落实生态、可持续发展的具体内容，推动小城镇空间布局与设计内容的完善。

通过空间匹配实现内涝自平衡单元体系中各级单元所提出的雨水消纳目标，从而达成在关中平原小城镇内积水和缺水之间的平衡，尽量避免内涝灾害的产生，并将雨水资源作为非饮用水源加以有效利用，降低对于洁净水源的需求与消耗。

7.1.1 雨水利用目标

关中平原属于资源型缺水和工程性缺水并存的严重缺水地区，其内城镇建设时把雨水等非常规水的综合利用作为重点，即将"蓄、滞、渗、净、用、排"这六大技术手段和建设目的进行优选和重新排序组合，在缓解水资源短缺方面将低影响开发技术手段主要着眼于"蓄、净、用"，使其更适宜于地域环境的需求[101]90。

由于受平原地形以及三季干旱等客观条件的制约，小城镇内无法也没有必要建设大型雨水收集设施，有三种途径来补充水资源：一是增加中小型雨水回用工程设施，将雨水回用于绿化灌溉、道路浇洒等城镇杂用水；二是构建水源涵养型城镇下垫面，加大地表水与地下水之间的连通性，补充过度开采的地下水，提高水源供给量；三是通过过滤和生物净化削减面源污染，减少水体污染，缓解水质型缺水问题[132]。

（1）院落内提供雨水存蓄空间及下渗空间，从源头增加雨水利用比例，减少雨水外排量。能消纳 1 年一遇两小时降雨量 12.79mm 的雨水，并将蓄存雨水全部用于院落内的非饮用水，即生活杂用水（主要包含冲洗厕所、菜地浇灌）。

（2）片区（街坊、小区）内从两个层面实现雨水利用的目标，一是片区空间组织中提供一定比例的雨水消纳空间（如绿地等可直接利用雨水的下垫面）及其布局形式，形成便于雨水就地利用的下垫面组合；二是在开放空间内布置具有蓄水功能的设施，并对其再利用的流程和方式给出具体的建议。和院落一起实现片区内能够蓄存 2 年一遇两小时降雨量 30.88mm 的雨量，并在片区内使雨水资源利用率尽可能提高到 15％。

针对自平衡单元体系中不同层级的平衡单元，基于不同的规划目标，在原有规划编制要求的基础上，分别提出相应的内涝自平衡空间匹配内容。本部分研究立足关中平原小城镇建设现状特征，基于前述对自然地理环境的研究成果，并结合西咸新区海绵城市建设实践展开。

7.1.2 内涝消解目标

（1）发生常见的小雨情（1 年一遇❶，两小时降雨量为 12.79mm）时，各院落及地块不向外排水。

（2）发生小城镇雨水管理系统设计重现期（2 年一遇，两小时降雨量 30.88mm）以内的降雨时，镇区道路不应有明显积水。

（3）发生小城镇内涝防治标准以内（5 年一遇，24 小时降雨量 80.24mm）的降雨时，有效应对，镇区内不出现较大的内涝灾害。

---

❶ 按暴雨强度公式 $i = \dfrac{13.26522 \times (1 + 2.915\lg P)}{(t + 21.933)^{0.974}}$ 计算，得出 1 年一遇两小时降雨量为 12.79mm。

7.2 院落基层居住单元

前述内涝衍生机理分析时，可知当今关中新建院落有如下三点变化：

（1）院落内不透水下垫面占比约 85%，且无水窖等储水设施，空间格局和下垫面的变化导致院落容纳雨水比例由 41.66% 降低为 9.84%，从源头上增加了雨水的排放量，加大了街道的排水压力。

（2）室外场地比例由约 25% 增加至约 40%，建筑密度在减小，空间布局更紧凑。室外场地中硬质界面约占 60%，所有中院均为全硬化界面，前、后院内有少量绿地或裸土等可渗透界面。

（3）主体建筑为二层，出现上人屋面和平屋顶，不同于传统院落中所有建筑均为坡屋顶的形制。

本研究基于以上三点变化所带来的雨水存蓄、利用的问题，对关中平原小城镇基层居住单元——院落进行空间匹配设计工作。具体包含四方面内容：雨水"蓄、渗、用、排"流程，下垫面构成，空间布局及设施匹配建议。

7.2.1 雨水组织流程

基于关中平原三季干旱、夏季暴雨的客观现实，加之雨水不含供水系统或地下水中常见的化学物质，是一种很好的灌溉用水，此外，雨水在家庭中用途多样，可以冲洗厕所、洗衣服和打扫房间。所以在雨水"蓄、滞、渗、净、用、排"的不同环节中，应从中选择"蓄"和"用"这两个环节作为重中之重，将雨水作为备用的水源，减少对有限的地下水资源的需求；减少暴雨径流，从而减少洪水或土壤侵蚀的可能性。本研究主要从雨水的蓄存和利用两方面考虑，对落入院内的雨水进行全过程研究（图 7.1）。

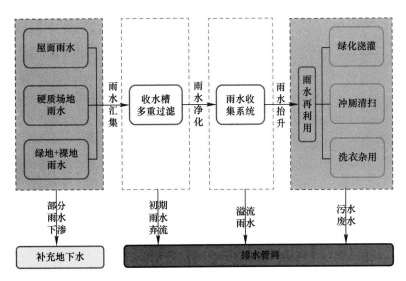

图 7.1 院落基层居住单元雨水收集利用流程图

院内雨水可分为屋面雨水和地面雨水两大部分，其中屋面雨水较为洁净，经过初期弃流和过滤后可直接存入地面雨水存储设施；地面雨水主要包括硬质场地和绿地、裸地两种，均有部分雨水下渗，初期弃流过滤后雨水可存入地下蓄水模块。地下存蓄雨水经由水泵提升至地面或室内用水设备，完成再利用的环节（图7.2）。

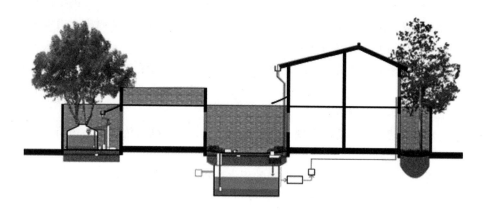

图7.2 院落基层居住单元雨水收集利用设施示意图

7.2.2 下垫面及空间布局

1. 院落下垫面结构

院落单元中下垫面主要由屋顶（平屋顶、坡屋顶）、绿地、裸地、硬质铺地（砖、水泥、石材等）四种类型构成。根据前述研究成果（见5.3.4节，图7.3），关中平原300m² 新建宅院中，屋顶占比约为60%（一层建筑面积约为180m²）、硬质铺地占比约为25%、绿地为8%、裸地为7%，则不透水下垫面合计约85%，73%的雨水被排放至院外。

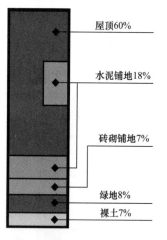

屋顶60%

水泥铺地18%

砖砌铺地7%

绿地8%

裸土7%

图7.3 现状院落下垫面构成示意图

在进行院落下垫面结构优化时，分两个层面进行：①院落建筑密度；②场地下垫面构成及比例。

（1）院落建筑密度

通过对于传统村镇和现代小城镇居住建筑的分析，可知，关中窄院仍为本地居民的主要居住建筑形式，调研小城镇大王镇内的基本院落平均尺寸为10.0m×30.0m，院落面积为300m²（接近五分地），用地规模较大，超出《陕西省农村宅基地管理办法》中规定的平原地区宅基地面积的要求。

本研究中关中平原小城镇新建院落以窄院为主要形制展开，考虑到节约用地和集约发展的基本建设原则，以及当前关中平原小城镇居住人口的家庭结构呈现规模小型化的趋势，原来大家族共居于一院的形式转变为以独立的核心家庭为主的单个院落，占地规模减小。故首先将院落面积缩减为 200m²（约三分地）和 133m²（约二分地）；其次，合理缩减一层建筑面积，将院落建筑密度调减为 50%。基于以上原则，对新建院落进行相关设计，提供参照案例。

（2）场地下垫面构成及比例

在占比 50% 的院落场地中，测算下垫面合理的组合比例关系。目标为能消纳 1 年一遇两小时降雨量为 12.79mm，保证院落不向外排水。

场地内下垫面主要包括：绿地（菜地、花草）20%、透水砖铺地 15%、水泥铺地 15% 三种（图 7.4、表 7.1）。其中，绿地本身为下沉式，落入绿地内的雨水直接下渗，同时绿地布置于院落的最低处，还可以接纳周边铺地上的雨水径流，绿地下设置蓄水模块存蓄过滤净化后的降雨，径流系数取 0.20、存蓄系数取 0.50；水泥铺地布置在建筑周边，便于日常通行使用，同时保护建筑基础，落在此区域的雨水借助竖向设计，靠重力排至院内绿地处进行过滤存蓄，径流系数取 0.15、存蓄系数取 0.50；透水砖铺地介于水泥铺地和绿地之间，起到过渡的作用，其内的雨水下渗后一并汇入绿地，径

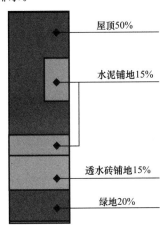

图 7.4 优化院落下垫面构成示意图

流系数取 0.30、存蓄系数取 0.40。则可估算出关中平原小城镇现代新建宅院优化后可容纳雨水比例为 66.00%。

关中小城镇现代新建宅院优化后雨水"蓄、渗、排"量化分析　　表 7.1

下垫面透水性	类型	占院落用地比例	径流系数	排放雨水比例	存蓄系数	容纳雨水比例
不透水面	屋顶	50.00%	0.15	7.50%	0.85	42.50%
	水泥铺地	15.00%	0.15	2.25%	0.85	7.50%
弱透水面	透水砖砌铺地	15.00%	0.30	4.50%	0.40	6.00%
	绿地	20.00%	0.20	4.00%	0.50	10.00%
合计		100%	—	18.35%	—	66.00%

（系数选取来源：张智，编. 排水工程（上册）第五版 [M]. 北京：中国建筑工业出版社，2015.）

2. 院落空间布局

分别从平面和竖向两个角度进行居住院落空间布局的研究，其中，平面布局中落实下垫面结构的研究成果；竖向设计中保障雨水能按设计流程进入各消纳设施。

（1）院落平面布局研究

小城镇家庭生活空间类型增多，出现了娱乐空间，功能更加细化、现代化，自来水代替井窖水，家用洗衣机代替在涝池、水边洗衣，传统澡堂变为自家淋浴；现代建造技术取代传统方法手段，砖混结构形式和现代建造材料的广泛使用，替

代了传统的木架结构和土墙。因此，小城镇居民现状及未来的生活需求已不同于过往，与水有关的居住生活空间也产生了新的变化。

对居住院落前中后院的功能和用水空间的分布模式从三个方面进行优化，分别为下垫面构成、院落功能和用水空间及设施，具体内容见表7.2。

院落位置、功能与下垫面、用水空间基本关系一览表　　　　表7.2

院落位置	下垫面构成		主要功能	用水空间及方式
后院		70%绿地＋30%透水砖	主体建筑北部，储藏杂用功能的生活院落，适宜实用型种植	绿植灌溉，庭院清扫
中院		50%水泥＋25%透水砖＋25%绿地	主体建筑中部，家务活动的主要室外空间，以硬质场地为主	卫生＋洗衣间、厨房
前院		50%透水砖＋50%绿地	主体建筑南部，避风向阳，适宜观赏型、生产型种植和日常交流活动	绿植灌溉，车辆清洗

（2）院落竖向设计研究

消解内涝的基本前提是依靠水的重力特性，减少雨水形成的地表径流，因此，合理的竖向设计是决定院落设计成败的核心环节，尤其是关中平原地区地势平坦，竖向设计更加成为本地区内涝防控规划设计的重点和难点[3]26。在院落中重点通过室外场地内微地形的改造，形成有利于各类源头收水设施的竖向条件。

基于关中院落空间布局的特征及不同的目标，本研究提出三种院内竖向设计模式，具体内容见表7.3。

院落竖向设计基本模式一览表　　　　表7.3

院落竖向设计模式图	竖向设计思路	雨水排水组织
	模式一，主要考虑到建筑内雨水利用的便捷和减少管道化，将场地的最低点布置在靠近建筑的位置。 前院（东入口）场地西北低、东南高； 中院场地东高西低； 后院场地西南低、东北高	前院和后院分别在靠近建筑的场地最低点设置雨水存储设施；中院在西侧设置雨水收集带，将过滤后的雨水存蓄于场地的蓄水设施内。 各院内的蓄水设施与适当的用水设施通过管道连接，处理后的雨水可在建筑内回用

院落竖向设计模式图	竖向设计思路	雨水排水组织
	模式二，主要考虑到避免雨水对建筑基础的影响，以及场地雨水就地室外利用的情况，将场地的最低点布置在远离建筑的位置。 前院（东入口）场地西南低、东北高； 中院场地西高东低； 后院场地西北低、东南高	前院和后院分别在靠近院墙的场地最低点设置雨水存储设施；中院在西侧设置雨水收集带，将过滤后的雨水存蓄于场地的蓄水设施内。 各院内的蓄水设施与适当的用水设施通过管道连接，处理后的雨水可在建筑内回用
	模式三，主要考虑到院内雨水就地消解及减少设施化，将场地的最低点布置在靠近院墙的位置。 前院（东入口）场地南低北高； 中院场地西高东低； 后院场地北低南高	前院和后院分别在靠近院墙的场地最低点设置下凹式绿地；中院在西侧设置雨水收集带。 各院内的下凹式绿地可以种植蔬菜、花卉等植物，实现雨水的就地消解，用于院内绿化的养护，并补给地下水

这三种院落场地竖向设计模式的剖面示意可以用下图表示（图7.5），各院落内场地呈现不同坡向的下沉，以保证雨水在重力作用下的汇流，汇集的雨水或存储于蓄水设施，或滞留在下凹式绿地内，最终实现雨水的人工或自然的再利用。

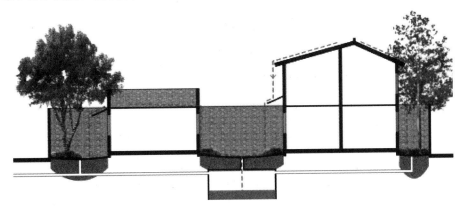

图7.5 院落整体竖向设计剖面示意图

（3）院落设计案例

居住院落分为改造和新建两种类型，对原有院落进行改造，对新建院落给出示范方案，共同实现雨水体积的总量控制。其中改造内容主要以增加蓄水设施、改造下沉绿地为主，辅以建设和改造透水铺装等设施；新建院落即自平衡院落从建筑密度、空间设计、设施布局等方面考虑，完成一体化建筑设计，重点在于院内的雨水收集、回收利用系统的设计布局。

本研究中，自平衡院落给出了200m²（三分地）院落的两种建议方案，其中方案一可以院内停车，方案二不能，以适应关中平原小城镇居住院落建设的具体需求。

① 方案一（前中后院式）

本方案前中后院式的居住院落（图7.6～图7.8），结合院落位置的差异，各院落空间内承担不同的雨水消解职能。

图7.6 自平衡院落（前中后院式）平面示意图

其中，前院可以在院内停车，基于前院门户形象、停车、交流、观赏等实际生活功能的需求，根据地质条件，可将停车空间设计成为透草砖铺砌的可渗透生态停车位，在前院另一侧布置观赏型种植区，以下沉绿地的方式收集消解前院汇集的雨水。

图 7.7　自平衡院落（前中后院式）整体效果图

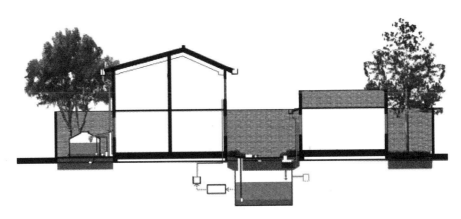

图 7.8　自平衡院落（前中后院式）剖面及雨水设施布置示意图

中院为主要的家务活动空间，结合衣物晾晒等需要，中院下垫面以大比例硬质铺地为主，并在院内较低处设置蔬菜种植区，收集雨水的同时便于使用，硬质铺地下设置地下蓄水模块，收集屋顶和中院场地内的雨水，经过沉淀等简单净化后，用于卫生间冲厕所和庭院清扫等用途。

后院内设置下凹式绿地，将雨水就地消解，绿地内可根据需要种植相应的作物或植物。在临近建筑处安置雨水桶，存储屋面雨水，经过初期弃流和净化的雨水可以存于其内，实现雨水错时利用。

方案一（前中后院式）院落下垫面信息一览表 表7.4

下垫面类型	面积（m²）	占比	径流系数	需控制雨水体积（m³）
集雨屋面	112.33	56.17%	0.85	2.95
排雨屋面	1.00	0.50%	1	0.03
绿地	33.33	16.67%	0.2	0.21
透水砖砌铺地	23.33	11.67%	0.3	0.22
水泥铺地	30.00	15.00%	0.85	0.79
合计	200.00	100.00%	—	4.19

（系数选取来源：张智，编. 排水工程（上册）第五版［M］. 北京：中国建筑工业出版社，2015.）

② 方案二（中后院式）

本方案中后院式的居住院落（图7.9～图7.11），前院与中院合并设置，是关中平原小城镇中最常见的居住院落类型。

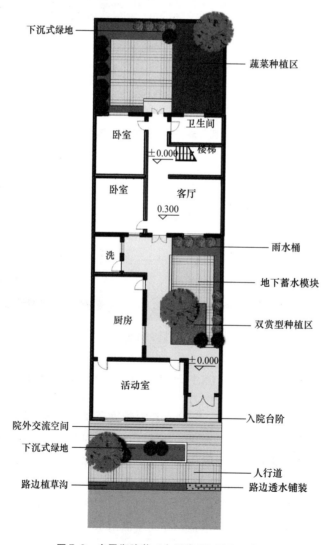

图7.9　自平衡院落（中后院式）平面示意图

116

图 7.10　自平衡院落（中后院式）整体效果示意图

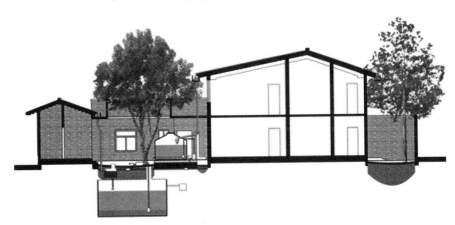

图 7.11　自平衡院落（中后院式）剖面及雨水设施布置示意图

中院既是门户院落又是主要的家务活动空间，在靠近入口处以下沉绿地的方式布置观赏型种植区，其后的场地中结合衣物晾晒等活动需要，以硬质铺地为主，硬质铺地下设置地下蓄水模块，收集屋顶和中院场地内的雨水，经过沉淀等简单净化后，用于卫生间冲厕所和庭院清扫等用途。

方案二（中后院式）院落下垫面信息一览表　　　　　表 7.5

下垫面类型	面积（m²）	占比	径流系数	需控制雨水体积（m³）
集雨屋面	110.00	55.00%	0.85	2.89
排雨屋面	6.67	3.33%	1	0.21
绿地	33.33	16.67%	0.2	0.21
透水砖砌铺地	20.00	10.00%	0.3	0.19
水泥铺地	30.00	15.00%	0.85	0.79
合计	200.00	100.00%	——	4.27

（系数选取来源：张智，编. 排水工程（上册）第五版［M］. 北京：中国建筑工业出版社，2015.）

7.2.3 院落内雨水设施

院落内雨水集用设施包括场地内收集设施和供应设施两大部分（图7.12），其中场地内收集设施包括：屋面雨水收集系统（含雨水罐），以及场地雨水收集系统（含透水铺装和下凹式绿地）；供应设施包括：转换控制设施和雨水给水管道。

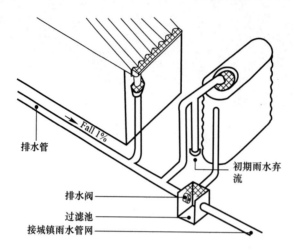

图7.12 屋面雨水收集利用设施系统示意图

（来源：Patrick Dupont，Steve Shackel. Your home，Australia's Guide to Environmentally Sustainable Homes，418-421.）

1. 屋面雨水收集设施

屋顶雨水首先通过檐口的粗滤网、雨头的细滤网，完成初期雨水弃流后，进入蓄水箱，完成屋面雨水的收集环节（图7.13）。

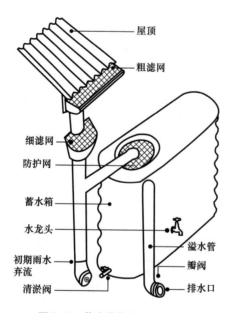

图7.13 蓄水箱蓄水流程示意图

（来源：Patrick Dupont，Steve Shackel. Your home，Australia's Guide to Environmentally Sustainable Homes，418-421.）

　　蓄水箱既是雨水收集设施，又是雨水利用设施。蓄水箱常用材料有：聚乙烯、玻璃纤维、混凝土和钢。通过成本的比较，圆形的地上蓄水箱是性价比最高的预制罐。蓄水箱形式多样，按位置可分为地上和地下，按形状可分为蓄水箱、蓄水囊、蓄水桶、蓄水墙等（图7.14）。

图 7.14　各式蓄水箱示意图

（来源：Patrick Dupont，Steve Shackel. Your home，Australia's Guide to Environmentally Sustainable Homes，418-421.）

　　小城镇院落内的蓄水箱首先推荐采用塑料材质，因为更耐用，重量轻，价格便宜。如果设计用于地下安装，可以部分或全部埋设。其次为混凝土，最为坚固耐用，可以在地上或地下模型中预制，也可以在现场浇筑，以满足特定场地的要求。

　　2. 场地雨水收集设施

　　院落内场地雨水收集设施主要包括渗透铺装和下凹式绿地。

　　3. 转换控制设施及管道系统

　　院落内雨水转换控制设施主要包括泵和过滤器。

　　当雨水用完的时候，转换控制设施会将供水从雨水切换到自来水。这种类型的控制器通常用于向厕所、洗衣机和其他有自来水供应的内部用途提供雨水[133]。通常在水箱中安装一个浮动开关。可在泵和控制器之间放置网状内联过滤器，可以防止控制器被外来物体损坏，具体工作流程及雨水供应系统示意图见图7.15、图7.16。

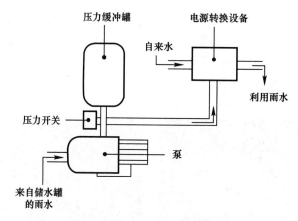

图7.15 转换控制系统工作流程示意图

（来源：Patrick Dupont，Steve Shackel．Your home，Australia's Guide to Environmentally Sustainable Homes，418-421.）

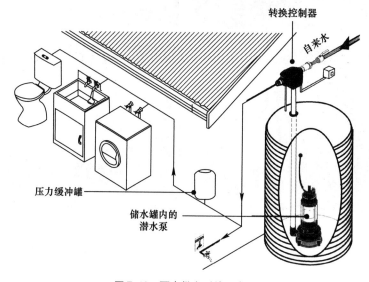

图7.16 雨水供应系统示意图

（来源：Patrick Dupont，Steve Shackel．Your home，Australia's Guide to Environmentally Sustainable Homes，418-421.）

7.2.4 指标建议

1. 传统与现代院落在蓄水量上的差异

对传统、当前关中平原小城镇居住院落内雨水吸纳情况的对比分析研究见表7.6。

			传统院落与现代院落雨水"排、蓄"情况对比分析表		表7.6	
院落类型	下垫面类型	下垫面比例	排放雨水比例	存蓄雨水比例		
					水窖	非水窖
传统	排雨屋面	15.00%	10.50%			
	集雨屋面	60.00%	32.73%（此部分雨水先进入水窖，超出水窖容量后外排，将其计入容纳雨水比例中）	32.73%	8.93%	
	庭院	25.00%				
	小计	100.00%	10.50%	41.66%		

120

续表

院落类型	下垫面类型	下垫面比例	排放雨水比例	存蓄雨水比例	
				水窖	非水窖
现代	屋顶	59.70%	50.75%	—	0.00%
	庭院	40.30%	21.69%	—	9.84%
	小计	100.00%	72.44%	9.84%	

　　传统院落中雨水存蓄主要靠水窖实现，可存蓄32.73%的雨水，其他下垫面共蓄水8.93%；现代院落中院内无蓄水设施（水窖），共蓄水9.84%，虽然建筑密度减小、庭院比例增加近一倍，但硬化程度较高，与传统院落中除水窖外的存蓄雨水量相差不多。可见，院落中雨水源头控制主要靠蓄存设施。

　　2. 自平衡院落雨水消纳体积建议值

　　首先应明确居住院落在内涝自平衡空间匹配中的雨水消纳任务，落实院落内控制雨水体积的目标——小城镇雨水管理系统设计重现期（2年一遇，两小时降雨量30.88mm），各院落及地块不向外排水，镇区道路不应有明显积水，则每户按照宅基地不同，分别需要消纳不同体积的雨水（表7.7）。

不同规模院落雨水消纳指标一览表　　　　　　　　表7.7

院落规模（m²）	降雨量（mm）	雨水消纳指标（m³）
133	30.88	4.11
200	30.88	6.18

　　其次，从用水量角度来衡量院落内雨水蓄存量是否满足一般家庭年非饮用水需求，则通过调研可知关中平原小城镇内居住于院落的居民（三口之家＋少量小型牲畜）年非饮用水用量约为40~55m³（表7.8）。由于关中平原雨季（6~9月降雨量约占全年的60%，总量约360mm）两年一遇及更大的降雨出现次数超过10次。则可以推断出理想状态下，雨季关中平原自平衡院落雨水消纳量完全可以满足居民日常非饮用水的用水需求，从而节省了自来水的用量。

关中平原小城镇院落家庭年非饮用水量估算一览表　　　　　表7.8

用途	用水量（m³）
小型菜地（30m²）等灌溉❶、牲畜饮用	10~15
冲洗厕所、庭院打扫、洗衣服	30~40
全部非饮用水	40~55

　　3. 量化测算

　　本研究中结合自平衡院落方案，基于雨水消纳指标的要求，通过SWMM软件的模拟分析，选用适宜的LID设施，在院落中进行合理的布局，从源头实现雨水排放量的控制，最终达到雨水不外排的效果，从而进一步实现小城镇内涝自平衡

---

　　❶　由陕西省地方标准《行业用水定额》（DB 61/T 943—2014）中平常年关中东部、西部蔬菜亩均灌溉用水量230m³计算得出，其余数据来源于对住户的走访调研。

单元体系的整体平衡。

（1）当自平衡院落不加 LID 设施时，测算其内下垫面雨水"蓄、渗、排"量（表7.9），以此为依据进行设施类型、规模的选择和布局。由数据可知，在满足当代生活需要的前提下，对宅院进行优化设计后，排雨量略有降低（由72.44%下降到65.25%），蓄水量略有增加（由9.84%上升到14.50%），但距离院落内涝消解目标——小城镇雨水管理系统设计重现期（2年一遇，两小时降雨量30.88mm）各院落及地块不向外排水，还有很大的差距。下垫面的软化及雨水收集利用的目标主要靠 LID 设施的合理配置来实现。

关中小城镇自平衡宅院（无设施时）雨水"蓄、渗、排"量化分析表　　表7.9

下垫面透水性	类型	占院落用地比例	径流系数	排放雨水比例	存蓄系数	容纳雨水比例
不透水面	屋顶	50.00%	0.85	42.50%	0.00	0.00%
	水泥铺地	15.00%	0.85	12.75%	0.10	1.50%
弱透水面	砖砌铺地	15.00%	0.40	6.00%	0.20	3.00%
	绿地	20.00%	0.20	4.00%	0.50	10.00%
合计		100.00%	—	65.25%	—	14.50%

（系数选取来源：张智，编. 排水工程（上册）第五版［M］. 北京：中国建筑工业出版社，2015.）

（2）采用 SWMM 软件辅助，对自平衡院落（以200m²院落为例）进行雨水"蓄、渗、排"的量化测算，模拟两种院落方案下垫面叠加 LID 设施后的效果，最终测算出理论状态下，关中平原小城镇200m²自平衡宅院（有设施）在2年一遇降雨时的雨水消纳指标（表7.10）。

关中小城镇200m²自平衡宅院（有设施）2年一遇降雨时的
雨水"蓄、渗、排"量化分析表　　表7.10

下垫面透水性	类型	占院落用地比例	LID 设施类型	设施容量（m³）	容纳雨水比例
不透水面	屋顶	35.00%	雨水桶/罐	2.5	39.68%
		15.00%	排至地面收集	0.5	7.94%
	水泥铺地	15.00%	排至地下雨水调蓄模块	1.3	20.63%
弱透水面	砖砌铺地	15.00%	透水砖铺装+地下雨水调蓄模块	1.5	23.81%
	绿地	20.00%	下凹式绿地	0.5	7.94%
合计		100.00%	—	6.3	100.00%

通过两个方案的测算结果得出以下基本结论：在当今小城镇院落中，屋顶上的雨水是需要重点处理的对象，其占比最大，首先通过雨水桶、地下蓄水箱等设施收集，超量雨水再排放至绿地或裸地内进行二次收集，并以浇灌绿地、盥洗用水等方式进行回收利用，实现院内的微循环，最后将仍超量的雨水排放至院外绿地及雨水管渠系统。

7.3 片区基本生活单元

片区基本生活单元也是微观层面的单元，是雨水源头消纳和回收利用的重点对象，建设应遵循自然界中水循环的机制，建立雨水循环体系。通过收集落到屋顶、道路、广场的雨水，并输送到地下蓄水模块储存，阻止片区内的雨水流失，并用于单元内生产性景观植被的灌溉、维护，同时也有组织地渗入片区场地，使雨水的输出量趋向零。从而实现雨水在片区内的微循环，控制片区场地雨水外排总量。

片区层面的内涝自平衡空间匹配实际是将建筑设计、场地设计、规划设计、景观设计和排水设计结合起来，形成一种多学科的综合设计策略，构建了包含地表径流源头控制、下垫面雨水暂存、建筑屋面雨水消纳以及各类雨水回收利用为一体的场地雨水径流控制系统。

本研究中，基于小城镇居住用地占比高的客观现实，结合院落基层居住单元的研究成果，将片区基本生活单元内的研究内容聚焦于住区，同样从居住环境入手来研究在片区空间布局层面如何实现内涝自平衡。

小城镇住区可以分为改造和新建两种类型，根据住区的实际情况，采取不同的空间应对措施，本研究重点关注新建住区的内涝自平衡空间布局研究。新建住区是以目标为导向的，通过细化新建住区内各类空间的要求，把握以下重点：通过合理的空间设计实现住区内的雨水应收尽收；根据场地及周边道路竖向、排水管网配置，划分不同的子汇水区，确定低影响开发设施的平面布局，并结合模型模拟结果确定设施规模；新建住区应预留充足的空间，以满足相关设施的地面空间使用需求。

新建住区有街坊式和小区式两种主要类型。其中小区式住区以城市小区为模板，在海绵城市建设过程中，关于新型住区海绵化建设的研究和实践有很多成果，本研究以院落为主要研究对象，故在片区层面重点研究街坊式住区的内涝自平衡空间布局，得出关中平原小城镇片区基本生活单元层面的内涝自平衡空间匹配模式及相关建议指标。

7.3.1 片区规模及构成

片区基本生活单元面积为 $30\sim50hm^2$。前文中已经对关中平原小城镇镇区内的街坊规模进行了界定：以 $150\sim200m$ 的道路网间距划分街坊住区，街坊的规模适宜控制在 $4.0hm^2$ 范围内，每个街坊约为 $200m\times150m$，则每个片区基本生活单元包含 $8\sim12$ 个街坊（图 7.17）。

每个街坊由 4 个组团构成，组团之间由生活型道路联系，组团外围是交通型道路，组团随道路间距的变化，共同形成街坊（图 7.18）。

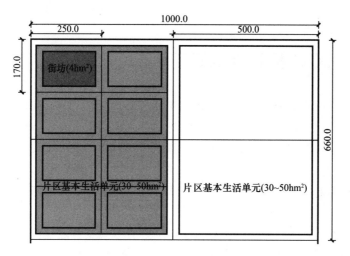

图 7.17　片区—街坊关系示意图

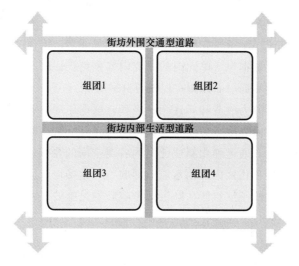

图 7.18　街坊—组团关系示意图

　　按每院 10m×20m 的规格，院落沿路横向布局，分为南北两排，每个组团内可容纳 18 户院落，则每个街坊大致包含 72 个院落。

7.3.2　街坊组团式布局

　　在组团周边道路临近院落的一侧设置植草沟，组团中设置宅前和宅后两种雨水滞留区（图 7.19、图 7.20），成为雨水下渗界面。合理布置植草沟，衔接和引导雨水径流就近流入雨水花园入渗调蓄。在主干道两侧设置生态树池，通过路牙开口的方式，引导主路雨水径流进入生态树池。将区内人行道和广场路面设为透水铺装，收集处理自身雨水径流。

　　组团绿地可以横向贯穿相邻组团，成为中心绿带，并与相邻街坊进一步衔接，共同构成片区基本生活单元内的绿色网络，消纳片区内及各院落排放出的超量雨水。

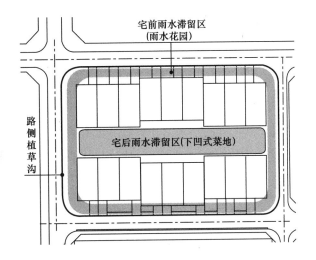

图 7.19　组团基本内涝自平衡要素示意图

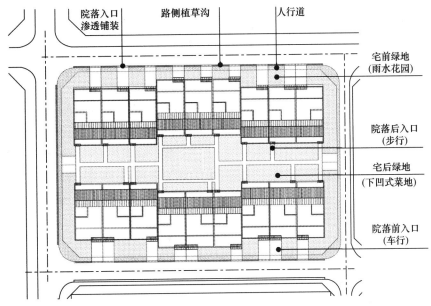

图 7.20　内涝自平衡组团布局示意图

　　宅前绿地与院落入口结合设置，以雨水花园为主要形式，在道路和院落之间形成宅前公共活动空间。在宅前绿地中可种植乔木、灌木等植物，美化院落入口空间，形成树下交往空间，并与人行道空间相衔接，共同形成小城镇街道特色风貌，丰富街坊生活空间。

　　宅后绿地位于后院外、南北院落之间，以下凹式绿地为主要形式，可用于各院落后院雨水的汇集区域，为生活生态双重绿核——由积蓄雨水和农家肥滋养的菜地，既能作为居民交流场所，满足平时日常生活所需，又能成为片区雨水消纳小枢纽。

　　此外，为了增进绿地生态服务功能，在片区绿地系统布局时，应保留一定量原生生态系统的自然生境"斑块"，如小片的原生林地、草地或者湿地；或者人工创造条件，经由自然演进形成的新生自然生境。这样可以增加区域的生物多样性、促进水循环、改善环境质量等。原生绿地具体占地比例，随着居住空间在城镇生态系统中所处的具体区位不同会有所不同，但是其总量不能够太少。毕凌岚教授在其博士论文中提到了"十分之一"规则，并根据这一原则建议：应该保证不少于10%的总用地比例的"自然性"绿化。在具体空间布局时，这10%的自然单元应该或多或少地均匀分布在人居环境之中，而不是过度集中于某一个角落。这10%的比例与调研中所得出的镇域内生态绿地的现状比例一致，从侧面说明了当前关中平原小城镇正处于生态环境变化的关键点，未来的发展方向与思路将直接决定区域生态环境的质量，需要科学、慎重！

7.3.3 片区雨水设施

在片区基本生活单元内主要消解院落排出超量雨水和院落外部空间内落入的雨水，内涝平衡手段以"蓄、渗、滞"技术为主要类型，区内地面雨水先进入LID设施，经过下渗、滞蓄、净化后的超量雨水再被排至雨水管网中。适宜的设施有下凹式绿地、透水下垫面、渗井、雨水储存罐/池、生态树池、植被草沟等，其中透水下垫面宜用于非机动车道，透水砖、碎石路面等可用于人行道等步行路面，植草格可用于生态停车场。

可在宅后绿地内设置雨水储存罐/池，通过雨水管收集雨水进行回用，回用雨水主要用于绿化灌溉、地面冲洗等。雨水径流如不收集回用，应引入组团绿地入渗。绿地植物宜选用耐涝耐旱本地植物，以灌草结合为主。

住建部颁布的《海绵城市建设技术指南——低影响开发雨水系统构建》中对于各类主要的LID设施设计及施工提供了一般做法和典型结构示意图，规划建设时结合关中平原地区的自然地理条件进行了适应性调整[101]91。

（1）透水铺装

基于降水及土壤条件，针对透水铺装明确了对应的设计降雨量应不小于45mm，降雨持续时间为60min；要求透水铺装坡度不宜大于2%，当坡度大于2%时，应沿长度方向在透水面层下20～30mm处设置隔断层；透水找平层厚度最大值从30mm增至50mm；透水基层的厚度最小值从100mm增至150mm；同时要求当地下水位或不透水层埋深小于1.0m处不宜采用透水铺装（图7.21）。

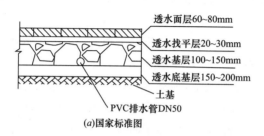

图7.21 透水铺装结构示意图（一）

（来源：中华人民共和国住房和城乡建设部编. 海绵城市建设技术指南：
低影响开发雨水系统构建（试行）［M］. 北京：中国建筑工业出版社，2015.）

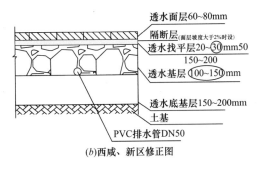

图 7.21　透水铺装结构修正图（二）

（2）下凹式绿地

为了尽量避免对湿陷性黄土的干扰，将下沉绿地中的种植土层厚度从250mm增加至500mm；细化溢流口、蓄水层的相对高差，并明确要求下沉绿地与周边用地衔接处坡度为1∶3（图7.22）。

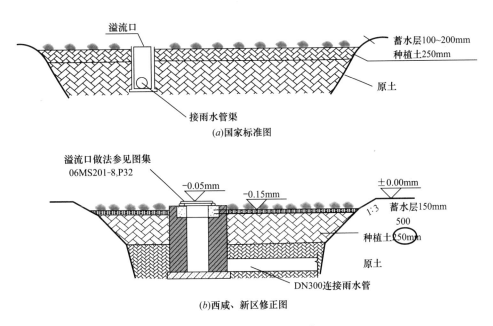

图 7.22　下凹式绿地结构示意图

（来源：中华人民共和国住房和城乡建设部编. 海绵城市建设技术指南：
低影响开发雨水系统构建（试行）［M］. 北京：中国建筑工业出版社，2015.）

7.3.4　指标建议

片区基本生活单元内的内涝自平衡空间主要针对院落排出的超量雨水、落入绿地和场地内的雨水，应以蓄和渗为主，片区雨水存蓄主要靠片区内的绿地来完成，故控制指标主要为绿地率、绿地下沉率和透水铺装比例。

经过模拟分析（表7.11），得出片区绿地率（不含院落内绿地）指标建议值为 25%～30%；绿地下沉率指标建议值为 80%；透水铺装比例指标建议值为 70%。

片区基本生活单元雨水"蓄、渗、排"量化分析表　　表 7.11

下垫面透水性	类型	占片区用地比例	径流系数	排放雨水比例	存蓄系数	容纳雨水比例
不透水面	屋顶	40.00%	0.15	6.00%	0.85	34.00%
	水泥铺地	15.00%	0.15	2.25%	0.85	7.50%
弱透水面	透水砖砌铺地	15.00%	0.30	4.50%	0.40	6.00%
	绿地	30.00%	0.20	6.00%	0.50	25.5%
合计		100%	—	18.85%	—	78.25%

（系数选取来源：张智，编. 排水工程（上册）第五版［M］. 北京：中国建筑工业出版社，2015.）

7.4 镇区雨涝平衡单元

基于前文镇区内涝衍生肌理的研究成果，在镇区雨涝平衡单元的研究中，针对建设区形态面状急剧蔓延，下垫面不透水率较高，广场、宅前场地、道路的竖向、绿化、透水性严重不足，雨水设施缺乏等具体问题逐一探索解决途径。

7.4.1 空间结构

镇区建设时用地宜集约，当小城镇建设区建设用地大于雨涝自平衡单元规模（1km²），需要扩张时，不得在建成区外围直接建设，而需要保留一定的间隙，另择新址进行下一个单元的建设。以避免面状蔓延扩张，从而形成区域内大分散小集中的单元群空间形制，这样的空间格局也能强化小城镇的风貌特色。

镇区雨涝自平衡单元内则通过分区—区内及区间的设施及绿地—灰色雨水管网的协同作用，来共同消解镇区内雨水，其空间结构关系如图 7.23。

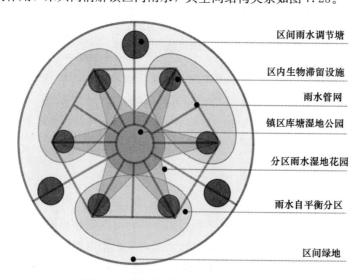

区间雨水调节塘

区内生物滞留设施

雨水管网

镇区库塘湿地公园

分区雨水湿地花园

雨水自平衡分区

区间绿地

图 7.23 镇区雨涝自平衡单元结构模式图

镇区内首先分为若干内涝自平衡分区（片区基本生活单元），分区可依据自然水系、竖向条件、排水管渠等基础条件，规模不等，本研究理论上将其分为2～3个分区。

各分区间隙为生态绿地（绿地内可为菜地、低洼林地或自然植被，但均需低于周边道路路面标高），并与镇区内公共绿地（由于小城镇内公共绿地规模有限，在可能的情况下，需将公共绿地设计成为雨水湿地花园的形式）相连通，共同组成镇区绿地系统。

每个镇区内均需设置至少一个库塘湿地公园，其功能既包含传统涝池的蓄水功能，又是小城镇重要的公共生活承载空间，同时也是小城镇风貌的重要体现节点。

各个分区内均结合相应的LID设施，合理布局相应的生物滞留设施，以达到减缓雨水排放的速度、降低峰值的目的。

同时，以上各措施均与雨水管渠系统发生关系，两套系统衔接、配合，从而努力达到源头雨水有力减量，排放雨水有序组织，末端雨水有效利用的高效、平衡的理想状态。

7.4.2 下垫面构成

镇区用地首先根据用地性质进行分类统计，再依据不同性质用地的特征进行下垫面的估算，从而得出按照标准规划的镇区单元内的一般雨水吸纳情况。之后分别进行测算，直至单元内下垫面的构成能够实现镇区防涝目标。测算时假定两种前提：一种是不同性质用地的规模不变，调整用地内的绿地下沉比例、透水铺装率，适用于建成区的改造；另一种是给定理想的用地比例推荐值和绿色基础设施等空间设计指标推荐值，适用于新建区的规划设计。

按照《镇规划标准》中的镇区建设用地比例（表7.12），以及居住、公共设施、道路广场、公共绿地、工业五类用地典型下垫面比例等数据，采用SWMM模型对各类用地内的绿色基础设施控制指标进行测算，评估其目标的可达性及指标的合理性。计算过程及结果如下：

小城镇镇区主要建设用地比例表　　　　表7.12

类别名称	占建设用地比例（%）		
	镇规划标准中规定		本研究中取值
	中心镇镇区	一般镇镇区	
居住	28～38	33～43	45
公共设施	12～20	10～18	15
道路广场	11～19	10～17	15
公共绿地	8～12	6～10	5
四类用地之和	64～84	65～85	80

　　由统计分析可知：按照现行镇规划标准，则镇区 80% 的用地需要排出 47.24% 的雨水，仅能蓄存镇区范围内 14.14% 的雨水（表 7.13～表 7.15），以此推算镇区内所有用地共排雨水约 60%（相当于镇域雨水的 12%），容纳雨水 18%（相当于镇域雨水的 4%），此结果与前文中镇域现状的测算结果基本吻合，也反映出现行规划标准中的用地比例及现状典型下垫面的构成情况，是造成内涝的客观因素。而若要达到镇区雨涝自平衡的目标，则需要在镇区消纳掉该区域内约 50% 的降雨量。

小城镇镇区内各类用地典型下垫面构成表 表 7.13

建设用地类型	绿地率	建筑密度	道路比例	铺装比例
居住	10%	55%	15%	20%
公共设施	15%	40%	15%	30%
道路广场	10%	—	80%	10%
公共绿地	25%	10%	15%	50%

小城镇镇区下垫面一般构成一览表 表 7.14

下垫面类型／建设用地类型	绿地	屋面	路面	铺地
居住	4.50%	24.75%	6.75%	9.00%
公共设施	2.25%	6.50%	2.25%	4.50%
道路广场	1.50%	—	12.00%	1.50%
公共绿地	1.25%	—	0.75%	2.50%
合计	9.50%	31.25%	21.75%	17.50%

（按现行镇规划标准）小城镇镇区雨水"排、蓄"量化分析一览表 表 7.15

下垫面类型	占镇区总用地比例	径流系数	排放雨水比例	蓄存系数	容纳雨水比例
绿地	9.50%	0.20	1.90%	0.5	4.75%
屋面	31.25%	0.90	28.13%	0	0.00%
路面	21.75%	0.55	11.96%	0.15	3.26%
铺地	17.50%	0.30	5.25%	0.35	6.13%
合计	80.00%	—	47.24%	—	14.14%

（系数选取来源：张智，编. 排水工程（上册）第五版 [M]. 北京：中国建筑工业出版社，2015.）

　　基于按标准和现状的下垫面分析结果，要确保镇区内涝自平衡目标的实现，需将该目标分解至单元内每一块用地上，而对每一块用地而言，又是由不同的下垫面（屋面、道路、广场、绿地等）构成，因此，最终需要通过在建设用地内控制各类下垫面的规模及结构，并综合应用多种 LID 设施，来实现径流控制的总目标。

　　针对上述下垫面研究成果，以及前文中镇区、片区、街坊、院落各级单元的规模，将镇区雨涝平衡单元模式与用地形态结合，形成关中平原小城镇内涝自平衡镇区空间模式（图 7.24）。

　　内涝自平衡镇区空间结构中，包含三个片区基本生活单元，以及片区单元间隙的库塘湿地区；交通网络核心由传统的居中改变为两侧布局，结合片区单元间隙增加雨水消解核心主轴，在片区单元内部设置雨水消解核心次轴；每个片区基本生活单元包含四个内涝自平衡扩大街坊，在街坊中部布置区内生物滞留设施，为街坊生活生态双重核心，以下凹式绿地为主要形式，其内可种植蔬菜等农作物，既满足日常生活所需、提供居民交流场所，又能消解街坊内超量的雨水，街坊内下凹式绿地与片区之间的库塘湿地区相连通，共同形成镇区雨水消解枢纽；在镇区建设区外围、片区间隙库塘湿地的端头设置三处区间雨水调节塘，其作用与传统涝池相似，主要接纳镇区内超量的雨水，存蓄并可用于周边农田灌溉使用。

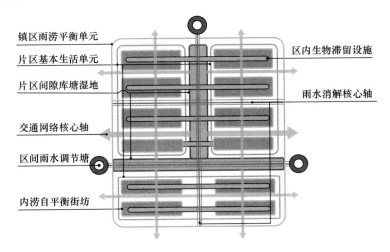

图 7.24　关中平原小城镇内涝自平衡镇区空间布局模式图

　　基于以上内涝自平衡镇区空间布局要点，测算出其下垫面结构，并进行雨水"排、蓄"的量化分析（表 7.16、表 7.17）。

内涝自平衡小城镇镇区下垫面构成表　　　　表 7.16

下垫面类别	占总建设用地的比例（%）
绿地	35
屋面	25
路面	15
铺地	15
水面	10

内涝自平衡小城镇镇区雨水"排、蓄"量化分析一览表　　表 7.17

下垫面类型	占镇区总用地比例	径流系数	排放雨水比例	蓄存系数	容纳雨水比例
绿地	35.00%	0.2	7.00%	0.5	17.50%
屋面	25.00%	0.1	2.50%	0.7	17.50%
路面	15.00%	0.6	9.00%	0.1	1.50%
铺地	15.00%	0.3	4.50%	0.4	6.00%
水面	10.00%	—	—	0.9	9.00%
合计	100.00%	—	23.00%	—	51.50%

（系数选取来源：张智，编. 排水工程（上册）第五版［M］. 北京：中国建筑工业出版社，2015.）

　　在内涝自平衡小城镇镇区中，随着空间结构的优化调整，其下垫面构成也随之发生改变，绿地占比提高为35%，其中包含镇区雨水消解生态绿地、公共空间片区及街坊绿地，以及建筑院落中的院内绿地；并增加水面占比10%，主要为保证库塘湿地及区间雨水调节塘的用地面积。

由统计分析可知：按照内涝自平衡镇区模式，则镇区排出23.00%的雨水，需要蓄存镇区范围内51.50%的雨水，此布局结果达到了本研究所提出的镇区内涝自平衡的目标：在镇区内消纳掉该区域内约50%的降雨量。

镇区适宜的低影响开发设施类型主要有：源头削减设施——"蓄、渗、用"，蓄水池、雨水罐/桶、透水铺装、下凹式绿地、小型雨水花园/湿地等；中途转输设施——"滞、渗"，生物滞留设施、渗透塘、植草沟、植被缓冲带等；末端调蓄设施——"蓄、净、排"，中小型雨水塘/湿地等。

绿地是重要的雨水调蓄空间和雨水回用对象，兼具生态、景观等多重作用，在自平衡规划中，片区间隙库塘湿地为周边客水滞蓄的主要空间。适宜采用的设施有渗井、植被草沟、收集回用设施、雨水湿地、生物滞留设施、植被缓冲带等。

7.4.3 道路系统

在内涝自平衡镇区空间结构的框架下，本研究中将镇区道路分为生态型、交通型、生活型和外围道路四部分，形成完整的镇区道路系统，整体道路系统的设计结合了宅院前场地、绿地、LID基础设施等因素，综合宅前使用、道路交通、公共交往等多项功能，从平面布局到竖向进行一体化设计。

进而依据小城镇道路规划技术指标建议表（表7.18），将这四种类型与主干路、次干路、支路、巷路的道路级别相匹配，形成本研究的镇区雨涝平衡单元道路系统（图7.25）。

镇区道路规划技术指标建议表　　表7.18

技术指标	道路级别			
	主干路	干路	支路	巷路
道路红线宽度（m）	24~30	16~24	10~14	—
车行道宽度（m）	9~14	7~9	6~7	3.5
每块绿地宽度（m）	3~5	2~3	2~3	1~2
每侧人行道宽度（m）	3~5	2~3	0~2	0

生态型道路位于雨水消解核心轴处，共有三条，其中片区之间的两条宽度为36m，片区内部宽度为30m，以绿地为主要功能构成；交通型道路呈三横两纵的方格型路网，承担镇区内的主要交通，有20m和24m两种断面形式；生活型道路，主要为片区内、街坊内日常公共生活服务，东西向生活型道路宽度为16m，兼顾交通和居民日常在宅院前的交往活动，南北向生活型道路宽度为5.5m，主要解决街坊内部南北穿行的需要；外围道路为镇区边界的四条道路，以防护性绿化和过境性交通为主。

镇区道路用地内应最大限度地增加"滞、蓄"空间，适宜采用的设施为：透水下垫面、生态树池、下凹式绿地、植被草沟、生物滞留槽、渗管/渠。

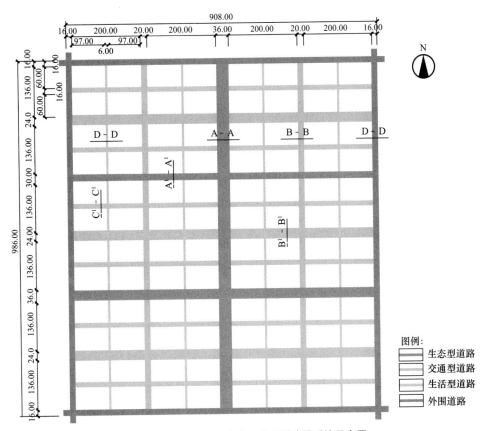

图 7.25 镇区雨涝平衡单元层面道路网系统示意图

　　在满足道路交通安全等基本功能及镇区道路规划技术指标建议的基础上，本研究结合雨水消纳的需要和关中平原小城镇的实际，分别对生态型、交通型和生活型道路断面宽度及构成进行了意向性设计，并将下凹式绿地、植草沟、透水铺装、渗管/渠等低影响开发设施、宅前场地（含绿地）与道路设计协同考虑，具体成果如下（表 7.19，图 7.26～图 7.28）。

内涝自平衡镇区道路基本信息一览表　　　　　　　　　　　表 7.19

道路类型及断面名称		道路区域宽度（m）	LID 设施类型
生态型	A-A	36.0	雨水湿地
	A^1-A^1	30.0	下凹式绿地
			生态停车带
交通型	B-B	20	植草沟
			下凹式绿地
	B^1-B^1	24	下凹式绿地
			生态停车带
	D-D	16	植草沟
生活型	C-C	6	植草沟
	C^1-C^1	16	植草沟
			下凹式绿地

生态型道路位于片区基本生活单元之间，为镇区雨水消纳主枢纽，兼具交通和生态职能（图7.26）。在该类型道路中部设置下凹式林带，接收周边片区客水，暴雨时可形成水体，在道路端头设置区间雨水调节塘，满足超量雨水的二次积蓄，并为周边农田灌溉提供储备用水；在中央绿带的两侧分别设置车行道，满足基本交通需要。

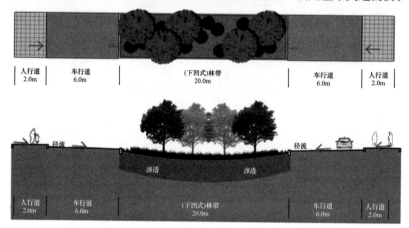

图7.26 A'-A'生态型道路断面设计意向图

交通型道路（图7.27）位于片区中部，结合静态停车的实际需求，在道路两侧设置生态停车带；在道路两侧建筑与人行道之间设置下凹式绿地，吸纳建筑外排雨水和人行道区域雨水；道路外侧绿地、可渗透人行道与生态停车带协同实现道路及周边地块的雨水消纳目标。

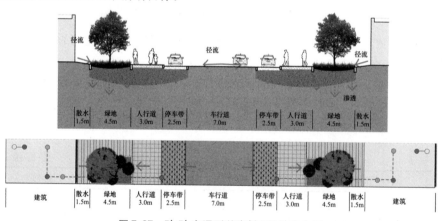

图7.27 B'-B'交通型道路断面设计意向图

生活型道路（图7.28）位于街坊内部，与交通型道路不同的是路侧没有停车带，以保证道路空间内的视线可达性。在车行道两侧设置了植草沟，以起到滞留车行道区域内雨水的作用，同样和道路外侧绿地、可渗透人行道一起协同实现道路及周边地块的雨水消纳目标。

道路路面雨水通过开口路缘石汇入道路绿化带和周边绿地（道路红线外的绿地）内的低影响开发设施，实现道路雨水的存储、滞留、调蓄。

考虑到维护成本和基础条件，关中平原小城镇机动车路面不宜采用透水性路面；人行道可采用透水砖。

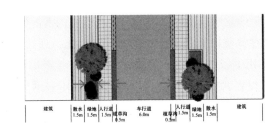

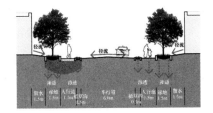

图 7.28 C¹-C¹ 生活型道路断面设计意向

7.5 镇域生态协调单元

7.5.1 雨量协调关系

在镇域单元内，内涝自平衡的空间匹配思路为：以雨水不外排为理论上的目标，明确建设区和生产区各自外排雨水的规模，将其作为参与平衡的雨水量，以此为依据选择合适的雨水消纳设施类型，并合理布置。

按照现行国家标准《镇规划标准》GB 50188—2007，建制镇的用地由建设用地（村镇建设区）、水域及其他用地组成，其中水域及其他用地细分为：水域、农林用地、牧草和养殖用地、保护区、墓地、未利用地和特殊用地[134]。本研究为了更科学地进行量化测算，在这一标准的基础上，结合下垫面透水性，将关中平原小城镇镇域内的用地划分为：村镇建设用地、农林牧用地、生态用地三类，分别归属于本研究中的建设区、生产区和生态区。

根据本研究所提出参数控制指标综合径流系数测算结果，关中平原镇村建设区的径流系数取 0.65，农业生产区的径流系数取 0.3，综合以上数值进行测算，在现状下垫面情况下，得出小城镇镇域生产单元内雨水在不同区域内"蓄、渗、排"的量化情况，见表 7.20。

关中小城镇镇域生态协调单元内现状雨水"排、蓄"量化测算表　　　表 7.20

下垫面	占比	径流系数	排放雨水比例	蓄存系数	容纳雨水比例
建设区	20%	0.65	13.00%	0.10	2.00%
生产区	70%	0.30	21.00%	0.40	28.00%
生态区	10%	0.10	1.00%	0.70	7.00%
合计	100%	—	35.00%	—	37.00%

理论上讲，在不考虑流域水系进出镇域，以及蒸发的情况时，各区域均容纳本区域内的降水时，则在镇域内就达到了相对平衡的状态。通过统计，可知实际中，关中平原小城镇镇域用地构成取值为：建设用地20%，生产区70%，生态区10%。镇区中20%的建设区仅容纳2%的雨水，70%的生产区中容纳约28%的雨水，这两个区域是未来需要提高雨水容纳能力的重点。由于在10%的生态区内，降雨处于天然的状态，则雨量的吸纳平衡主要在建设区和生产区，即镇域的90%用地内完成。

要达到镇区排涝指标（排除2年一遇的暴雨积水）、农田排涝指标（3日内排除5～10年一遇的暴雨积水）的要求，则关中平原小城镇镇域内需要解决容纳雨水比例为：农业生产区需在5～10年一遇的降雨条件下存蓄约55%的雨水（即在现状基础上增加约30%的存水量），镇村建设区在2年一遇的降雨条件下存蓄约16%的雨水（即在现状基础上增加约14%的存水量）。（图7.29）

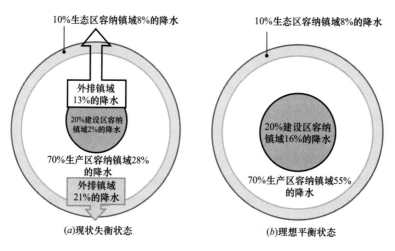

图7.29 镇域生态协调单元雨水容纳情况示意图

7.5.2 空间匹配要点

在镇域生态协调、镇区内涝自平衡研究成果的指导下，在镇空间规划编制中进一步细化镇域"蓝、绿"空间结构，并落实相应的绿色水基础设施选型与布局，同时，把各个片区基本生活单元的内涝消解目标和雨水利用目标作为规划设计条件纳入控制性详细规划编制工作。并根据建设现状、改造条件等因素，对重点建设项目进行梳理、排序，确定建设时序、关键节点和空间布局。

镇域可划分为若干分区，其内建设区（镇区和村庄）、生产区及生态区交织，分区内雨水在建设区和生产区内自平衡，超量雨水由区内生态林带排出；村庄建设区内雨水首先通过村内自平衡系统消纳；区间生态林地为镇域雨水自平衡的最终消纳区域。（图7.30）

镇域内以雨水的途径控制和末端控制利用为主，可以选择的设施有：植草沟、植被缓冲带、初期雨水弃流设施，以及渗透塘、湿塘、雨水湿地、调节塘、调节池等集中调蓄设施。

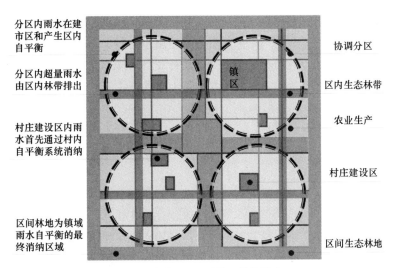

分区内雨水在建市区和产生区内自平衡

分区内超量雨水由区内林带排出

村庄建设区内雨水首先通过村内自平衡系统消纳

区间林地为镇域雨水自平衡的最终消纳区域

协调分区

区内生态林带

农业生产

村庄建设区

区间生态林地

镇区

图 7.30　镇域生态协调单元结构模式图

宏观镇域生态协调单元中，重点工作在于农用地区域和消纳建设区外排雨水的相关区域，包含耕地、园地、水体，以及林地、草地、裸地等多种用地类型。在对其进行自平衡规划时，在基本农田不减少的基础上，整体评估现状生态本底，并针对不同用地类型，分别从设施类型、规划要点、设计要点提出相应策略，逐步调整镇域生态系统。

1. 耕地

耕地区域内要注重对于降雨的收集再利用。关中农田主要为旱地和水浇地，其中设有沟渠、水窖等设施。在延续当地传统生态智慧的基础上，借助现代技术手段进一步增加雨季蓄水的规模。

① 规划要点

进行耕地现状调研，掌握其规模及分布情况，以及现有的排水、蓄水、灌溉设施。耕地要通过排水、蓄水设施的合理规划，实现雨季雨水全部收集储存，同时，注重相关设施的运行维护工作，防止农田内涝盐碱灾害的发生（尤其是渭北地区）。

② 设计及改造要点

加强水土保持、盐碱改良等其他农业生物措施。排水工程要结合灌区灌溉工程的改造进行沟、林、路统一规划，推行节水灌溉，推广优良品种，种植耐盐作物，增施有机肥，引洪压碱，改良土壤。对所有干支沟及田间分毛沟进行全面清淤，恢复过流断面，控制地下水位。[135]

2. 生态用地

本研究中将园地、林地、草地、裸地等用地划分为生态用地，要使人工林与自然林相结合，通过人工干预，逐步调整群落的物种组成、栽植方式、林冠外貌等。从而提高区域生态质量，形成种群稳定、功能齐全、结构合理的复层群落结构。

关中平原地处大陆性暖温带季风气候区，其内原生植物种类多、分布广、数量大，优势树种种类较多。在人工林建设时应选用乡土植物、重视耐旱植物和构建地方优势植物群落，建议采用毛白杨、元宝枫、银杏、臭椿、油松、刺槐、旱柳、栾树等乔木作为骨干树种。

根据已有的实践成果德国"哈姆生态中心"项目中 1/3 的场地被指定为自然保留地、鲁尔区比勒费尔德西南部的图卫汉诺威生态村 27% 的土地面积作为自然保留区。这些数据表明在可行的条件下，保持 30% 左右的自然保留地对保证维持局部地域生态平衡的生态服务功能的发挥是十分重要的。[136]

7.6 小结

本章首先提出了空间匹配的目标，明确基于雨水利用和内涝消解两大目标的匹配思路，进而结合内涝自平衡单元体系来阐述匹配内涝自平衡模式的空间规划设计办法。本研究重点放在微观院落、片区和中观镇区涉及空间布局的层面，并以居住空间为主要研究对象，对宏观镇域层面仅做了雨量协调关系和不同功能空间匹配要点的初步研究。

院落基层居住单元内重点针对小城镇院落建筑现状致涝因素，建议将关中平原小城镇院落面积缩减，并适当调减院落建筑密度，并在院落场地中进行下垫面平面和竖向两方面的布局研究。基于上述研究成果，设计了两种 200m² 的院落方案，并对雨水控制体积进行测算。此外，从场地内的收集设施和供应设施两大部分对院落内雨水集用设施进行流程和设备的研究。借助 SWMM 软件进行分析，最终给出了院落单元的雨水消纳指标、LID 设施的类型和容积建议值。

片区基本生活单元中，构建了"片区—街坊—组团—院落"的结构关系，明确了各个层级的空间规模，并对街坊组团式布局给出了空间匹配方案，将生活、生产空间融合，协同消纳片区雨水，实现雨水在片区内的微循环。此外，基于关中平原地区的自然地理条件，对片区中渗透铺装和下凹式绿地这两种常用的 LID 设施，就其设计及施工的一般做法和典型结构，进行了本土化适应性调整。

在镇区层面，主要从镇区空间结构、下垫面构成以及道路系统三方面进行整体研究。提出了镇区内涝自平衡的结构模式图和空间布局模式图，并对镇区下垫面构成进行量化分析，比例优化后的下垫面构成可以实现消纳降雨量 50% 的目标。此外对镇区道路系统进行了设计，将镇区道路分为生态型、交通型、生活型和外围道路四种类型，整体道路系统的设计符合镇区居住等功能特点及需求，并考虑宅院前场地、绿地、LID 基础设施等因素，综合宅前使用、道路交通、公共交往等多项功能，对三种主要的道路横断面从平面布局到竖向进行一体化设计。

镇域宏观层面，主要对镇域内镇村建设区、农业生产区和基本生态区的雨量协调关系进行整体测算，明确了建设区和生产区是镇域雨水消纳的重点区域，测算了这两区的雨水消纳比例：农业生产区需在 5~10 年一遇的降雨条件下存蓄约 55% 的雨水（即在现状基础上增加约 30% 的存水量），镇村建设区在 2 年一遇的降雨条件下存蓄约 16% 的雨水（即在现状基础上增加约 14% 的存水量）。在镇域空间匹配上主要关注非城镇建设空间，整体把握人居环境与自然环境的协调、制约关系，主要针对耕地、水体、生态用地三种类型，分别提出了规划要点、设计要点和改造要点。

8　总结与展望

小城镇内涝灾害是与小城镇空间直接相关的系统性人工灾害之一,涉及小城镇的建筑形制、空间要素、空间形态、空间结构与交通网络等方面内容,空间发展模式合理与否直接影响到小城镇内涝灾害的严重程度与小城镇整体发展的综合效果。摸清了小城镇内涝灾害衍生的机理,掌握了雨水与小城镇建筑、空间平衡共存的相关规律,就能依据其对小城镇建筑、空间的发展进行合理调控,使小城镇的建筑布局、空间组织趋于资源化、特色化。因此,小城镇建筑及空间模式的研究对小城镇内涝防控与综合发展具有重要指导意义和借鉴意义。

快速城镇化发展以来,关中平原小城镇急剧扩张建设,空间形态呈现"摊大饼"格局,规划建设套用现代城市规划技术模式,内涝防治采用现代城市雨水管道人工排放的方式,完全丢弃本地区传统村镇旱涝自平衡的经验与智慧,结果造成小城镇普遍存在"排水困难、内涝频发、结构失衡与特色衰败"等一系列问题[3]22。2005年来,(按行政界域划分的)关中平原城镇发生内涝灾害80余次,其中3级以上内涝灾害43次,60%以上发生在小城镇新建区内。与此同时,随着小城镇建设用地的不断扩张,雨水管道的管径与埋深不断加大,也不断需要更换,这对本就经济欠发达的关中小城镇来讲,既不好换也换不起,无疑是雪上加霜。上述一系列问题都可以追溯到有关小城镇空间的问题上来,因此,构建具有可持续性的小城镇空间发展模式与有特色的小城镇空间形态成为应对上述问题的重要切入点之一。

8.1　主要研究结论

本书基于平衡理论与系统论,以小城镇建筑、空间模式及设计方法为核心构建了本书的研究框架,选取关中平原小城镇作为研究对象,从内涝问题入手,系统地梳理了传统村镇旱涝平衡的生态营建经验,剖析了现代小城镇内涝灾害的衍生机理,引出探寻平原地区小城镇系统化、资源化建设模式的命题。初步建立关中平原小城镇内涝自平衡模式的设计思想,并对自平衡的数学关系、指标系统、单元体系的内涵和机制作了进一步的阐述,最终提出了小城镇内涝自平衡的空间匹配设计思路与方法,以期充实小城镇人居环境建设理论体系。本研究得到的具体结论可概括为以下几个方面。

1. 关中平原传统村镇应对旱涝共存问题的空间模式及方法

特定地域内城镇空间的发展历程中蕴含着一定的模式和秩序,作为人居环境的基层单元,其整体结构和布局的生态性、科学性有着相通的规律[98]111。关中平原传统村镇在数千年适应自然的过程中,聚落空间形制逐渐呈现出与自然生态相对和谐共存的状态,积累起了大量朴素的生态建设经验和智慧,如传统村落中防涝的理念与做法、传统村落中雨水利用系统与村落空间形态的结合关系等一系列"旱涝平衡"的建设经验。本研究第3章、第4章对关中平原自然环境特征、传统村镇建设经验等内容的研究,正是对符合地域特征及城镇发展规律的聚落空间形制、模式的挖掘整理。

基于对关中平原九个传统村镇片区及其周边 15km²，合计 135km² 区域的调研，得出以下结论：

① 传统村镇聚落总体呈现点状均衡分布，各聚居地之间通常由农田、低洼林地、田垄、沟壑等间隙相隔，从而形成大分散小集中、尺度宜人的关中传统村镇聚落空间形制[98]112。

传统村镇聚落由基层村落单元有机组织形成，村镇规模取决于基层村落单元个数。基层村落单元以聚居地为核心，周边环绕着足以支撑聚居人口的农田。单元规模随人口数量和农产品种类、产量的变化而缓慢变化。大型村落一般包含 3～5 个基层村，大部分自然村为一个基层村落，相邻自然村村落中心间距范围值为 1.0～2.0km，平均值为 1.5km。

基层村落可容纳 150～200 户，聚居地占地面积约 10～15hm²，户均宅基地面积约 660m²，户均耕地面积约 0.65hm²，周边农田面积约 1.00～1.30km²。

② 涝池是关中平原传统村镇中的内涝自平衡公共设施，汇集由院落排出和落入公共空间内的雨水，是构成基层村落单元的核心决定因素，当村落人口规模超出涝池服务能力时，就会新建涝池，从而产生新的村落单元。

可支撑一个基层村落单元的涝池规模为 1500～2000m²，平均深度为 3～4m，容量为 5000～7000m，服务半径最大为 400m。

③ 水窖是关中平原传统村镇中的内涝自平衡私有设施，汇集落入院落空间内的雨水，是雨水源头控制单元——院落中最主要的蓄水设施。

关中平原传统村落院落空间（占村落建设区用地的 70%）可容纳村落雨水总量的 41.66%，排放雨水比例为 10.50%。

④ 关中平原传统村落中 60%～65% 的降雨都被以多种形式存蓄，其中院落中的水窖和公共空间内的涝池为存储降雨的主要设施。与当前《关于推进海绵城市建设的指导意见》中"将 70% 的降雨就地消纳和利用"的指标接近。既实证了"海绵城市"建设指标的科学性和可行性，也进一步说明传统村落旱涝平衡经验的实用性。

2. 关中平原当代小城镇内涝问题衍生的空间机理

基于对关中平原 24 个小城镇的详细调研，从聚落空间、公共开放空间、院落空间、雨水设施四个方面，分别得出了关中平原现代小城镇镇区形态演进、外部空间设计、居住建筑形制以及雨水蓄排设施四方面存在的问题，从而初步揭示了小城镇内涝灾害的衍生机理，得出以下结论：

① 近十年来，小城镇总体建设量空前增加；而形态变化方面，以面状增长为最主要形式，包括新区面状发展和老镇区外围面状发展。老镇区内院落、道路等下垫面在逐步硬化，排水管网却没有及时科学设计、合格施工，造成老镇区内积水现象增多加重。在新建区内，完全以城市为蓝本进行建设，传统生态建设智慧被抛弃，但由于资金、技术等方面原因，在规划、设计、施工等各个环节上均难以保证建设的质量，小城镇新区以面状形态快速铺开，导致大量的不透水下垫面猛增，且新建区域的尺度超过小城镇适宜的规模，使得小城镇新建区内积水现象层

出不穷。案例大王镇现状镇区的雨水容纳量仅为22.60%，仅为传统村镇的1/3。

② 关中平原小城镇公共开放空间在小城镇镇区中约占36%，是从院落、建筑向道路过渡的重要空间，在这一区域内设置有渗井、雨水管等设施，公共开放空间的质量直接影响到雨水的排蓄效果。

③ 关中平原小城镇公共绿地、广场极少，平均每镇绿地占地约为3.1%，小城镇内绿地以宅前、院内为最主要的形式。小城镇各家院落入口前均有40m² 左右的室外场地，此处空间承载着院落和道路之间高差处理、院内雨水排放组织、宅前植物种植、人们日常交流等功能，也是小城镇风貌特色的重要组成部分。存在宅前场地竖向设计缺失、院内雨水口位置不合理的具体问题。

④ 关中平原小城镇新建宅院不透水下垫面占比为84.86%，居住用地内72.44%的降雨都被排放到道路上，远大于传统村镇院落中约10.50%的雨水排放量，院落空间格局和下垫面的变化导致院落容纳雨水比例由41.66%降低为9.84%，从源头上增加了雨水的排放量，加大了街道的排水压力，传统村落雨涝自调用的智慧在现代的小城镇院落建设中已经消失，是关中平原小城镇内涝灾害衍生的重要原因之一。

3. 关中平原小城镇内涝自平衡模式建构

本研究提出了内涝自平衡理念，是平衡理论在城乡规划、建筑学学科领域内的一种拓展，目的在于探索一种针对小城镇的空间应对方法。这种空间布局方法能够生态、经济地解决关中平原小城镇三季干旱缺水和夏季内涝成灾并存的现实问题，使雨水、积水、用水这三个相关的要素，在空间和时间两方面达到大致均等的"平衡"状态，减少引入和排出的水量，使雨水资源在小城镇内部实现微循环、自平衡，有以下主要结论：

① 提出以"分级消解＋多元利用"为着眼点和目标的雨水四级消解与利用思路。在基层单元内部完成雨水的第一级消解，在基层单元间隙完成雨水的第二级消解，在镇区灰色管网主系统中完成雨水的第三级消解，在区域生态单元内完成雨水的第四级消解。

② 小城镇内涝自平衡模式主要通过数学关系、指标系统和单元体系这三方面来建构。数学关系用以揭示雨水、积水、排水、用水之间最基本的数量关系和联动效应。指标系统目的在于明确在自平衡过程中具有关键控制作用的指标类型，并结合关中平原小城镇的客观情况，给出有指导价值的相关指标数值范围，包括雨量参数控制指标和空间设计指标。单元体系从空间层级、规模和平衡对象、内容等方面进行具体的分析，其研究成果将直接指导空间规划设计的工作。

③ 构建了自下而上的院落基层居住单元（规模以200m² 为例）、片区基本生活单元（面积为30～50hm²）、镇区雨涝平衡单元（面积为1km²）和镇域生态协调单元（包括镇域内镇、村建设用地及其周边农林用地等非建设用地，面积数十平方公里不等）四个层面的自平衡单元体系，明确了各级单元的规模、构成。

4. 关中平原小城镇内涝自平衡空间匹配设计方法

① 从雨水利用角度和内涝消解角度分别给出具体的目标：院落内能消纳1年

一遇两小时降雨量 12.79mm 的雨水，并将蓄存雨水全部用于院落内的非饮用水即生活杂用水；和院落一起实现片区内能够蓄存 2 年一遇两小时降雨量 30.88mm 的雨水，并在片区内使雨水资源利用率尽可能提高到 15%。

②将院落面积缩减为 200m²（约三分地）和 133m²（约二分地），并合理缩减一层建筑面积，适度调减院落建筑密度。从院落平面布局和竖向设计两方面考虑，给出了 200m²（三分地）内涝自平衡院落的两种建议方案，并对院内雨水集用设施进行了研究和建议。

③片区层面构建了"片区—街坊—组团—院落"的结构关系，明确了各个层级的空间规模，并对街坊组团式布局给出了空间匹配方案，对街坊绿地（宅前、宅后）进行了研究，将生活、生产空间融合，协同消纳片区雨水，实现雨水在片区内的微循环。主要针对下凹式绿地和透水铺装等低影响开发设施进行了本土化改进，使之更适于关中平原自然地理环境。同时，给出了片区内的相关空间控制指标。

④镇区层面给出了内涝平衡单元结构及空间布局的模式及其图示，对下垫面构成进行了量化测算，给出了可以实现在镇区内消纳掉该区域内约 50% 的降雨量的下垫面构成比例建议值。对镇区道路系统进行了设计，将镇区道路分为生态型、交通型、生活型和外围道路四种类型，整体道路系统的设计符合镇区居住等功能特点及需求，并考虑宅院前场地、绿地、LID 基础设施等因素，综合宅前使用、道路交通、公共交往等多项功能，对三种主要的道路横断面从平面布局到竖向进行一体化设计。

⑤镇域层面，建议生态区和生产区在镇域内交织存在，雨量的吸纳平衡主要在建设区和生产区即镇域的 90% 用地内完成，即农业生产区需在 5～10 年一遇的降雨条件下存蓄约 55% 的雨水（即在现状基础上增加约 30% 的存水量），镇村建设区在 2 年一遇的降雨条件下存蓄约 16% 的雨水（即在现状基础上增加约 14% 的存水量）。

8.2　可能的创新点

本研究以城镇空间布局应对内涝问题为重点，从微观和中观层面探寻破解小城镇内涝问题的空间途径。

1. 从雨水消纳角度量化分析了关中平原村镇聚落的空间特征，归纳了传统村落应对旱涝共存的模式及方法，明确了当代小城镇内涝衍生的空间机理。

首先，对传统村落从聚落分布模式、村落下垫面构成、院落建筑形制、内涝自平衡系统及设施四方面进行定性与定量研究，测算出传统村镇中 60%～65% 的降雨都被以多种形式存蓄。揭示了传统村镇空间内蕴含的三大平衡关系：灾害与资源的错时平衡，生产、生活、生态空间的体系平衡，宅院、邻里、住区与田园空间的层级平衡。进而总结了传统村镇应对旱涝共存困境的规划模式、单元概念、平衡原理和测算方法，为当代小城镇空间研究奠定基础并寻找切入点。

其次，对关中平原现代小城镇聚落形态与下垫面、公共空间设计与使用、院落空间以及雨水蓄排设施四方面进行分析研究，揭示了当前关中小城镇动态建设过程当中存在问题的环节，量化测算了下垫面及雨水设施的变化对于小城镇内涝灾害衍生的具体影响程度，明确了关中平原当代小城镇内涝衍生的空间机理，其结果对于解决小城镇内涝防控的途径选择，提供了方向和目标。

2. 以内涝自平衡为目标的关中平原小城镇空间模式研究，首次提出了小城镇内涝自平衡模式及四级消纳的单元体系。

本书提出的小城镇内涝自平衡模式，目的在于使雨水、积水、用水这三个相关的要素，在空间和时间两方面达到大致均等的"平衡"状态，减少引入和排出的水量，使雨水资源在小城镇内部实现微循环、自平衡。并指出这种自平衡是一种相互制约、协调的，动态平衡的数学关系；形成了雨水四级消纳体系为支撑的内涝自平衡思路；明确了关中平原小城镇内涝自平衡的指标系统；构建了自下而上的院落基层居住单元、片区基本生活单元、镇区内涝平衡单元和镇域生态协调单元四个层面的自平衡单元体系。基于内涝自平衡概念、模式建构、数学关系、指标系统以及单元体系等一系列的研究，初步搭建起小城镇内涝自平衡模式的核心体系，这一设计思想是对当前小城镇规划建设模式理论的有益补充。

3. 基于内涝自平衡模式的关中平原小城镇空间设计方法研究，提出了匹配四级单元体系的空间布局方式。

本书将内涝自平衡单元体系与小城镇空间相结合，尝试构建针对平原地区小城镇的内涝自平衡空间设计思想与方法，以指导该地区的小城镇空间设计与建设。基于传统村镇旱涝平衡生态建设经验的总结，以及现代小城镇内涝灾害的衍生机理的研究成果，探索关中平原小城镇院落、片区、镇区空间设计的新思路，建立"内涝自平衡"的主导思想、程序步骤、方法内容等，从而在不同层面上提出了相应的空间布局方式、指标体系建议等。自平衡的思路引入小城镇空间设计领域形成"自平衡设计"，更适用于小城镇的社会经济发展水平，并形成具有小城镇风貌特色的空间形态。

8.3 不足与展望

1. 研究工作的深度、广度有待完善

本书研究主体对象——关中平原小城镇，涉及学科广泛、形成过程复杂。然而，受限于人员、地形图数据范围和精度等客观条件的限制，本研究的调查范围仅涉及文中所提到的 9 个传统村镇区域、24 个小城镇，则基于此调研成果而得出的分析、研究成果有一定的局限性。因此，还应在后续研究中增加各类型小城镇案例的补充调研，进一步论证不同类型的小城镇生态化建设的科学性和典型性。

2. 研究工作中的定量研究及实践研究有待深入

本书现有研究成果中虽有定量研究，但定性部分仍较多，应进一步钻研城镇雨水径流模拟分析模型、软件,合理运用数据分析研究方法,增强研究的科学性和可行性,并将相关研究成果凝练成科学的模型,以便于进一步推广研究成果。同时研究成果从广义建筑学、城市设计、城乡规划角度入手较多,但缺乏具体建筑设计项目的实践性研究,仍需要进一步结合实际项目,进一步论证、验证理论研究成果。

3. 研究具体对象应进一步扩展

本书主要针对关中平原小城镇最主要的用地类型——居住用地和最主要的居住类型——院落,展开相关内涝自平衡的研究,未涉及居住的其他类型、公共建筑及其他用地的相关建设活动,可作为后续研究,进一步补充完善小城镇内涝自平衡研究的内容。

4. 对现代城镇由于规划建设活动衍生的新型灾害的研究,将成为今后的主要研究方向之一

作为快速、新型城镇化的结果,现代城镇中人为致灾的问题爆发、分析及解决,将是一个长期艰巨的课题。由于研究的侧重点和篇幅,本书主要关注内涝在小城镇中的状况,而现代化、城镇化进程中其他方面的问题会如何在城镇公共空间、建筑空间中发展,将作为未尽的工作留待进一步的探究。

参考文献

[1] 袁祖亮主编. 中国灾害通史 [M]. 郑州：郑州大学出版社，2009.

[2] 西安市自然灾害历史（干旱）. http://www.360doc.co.

[3] 徐岚，雷振东. 北方平原地区小城镇"海绵化"建设的基础和策略 [J]. 小城镇建设，2016（05）：22-27.

[4] 中华人民共和国乡镇行政区划简册·2017 [M]. 中国统计出版社，2017.

[5] 中华人民共和国住房和城乡建设部编. 海绵城市建设技术指南：低影响开发雨水系统构建（试行）[M]. 北京：中国建筑工业出版社，2015.

[6] 仇保兴. 海绵城市（LID）的内涵、途径与展望 [J]. 给水排水，2015，（3）：1-7.

[7] 郝慧梅，郝永利，任志远. 近20年关中地区土地利用/覆盖变化动态与格局 [J]. 中国农业科学，2011，44（21）：4525-4536.

[8] 江泉. 关中城市群发展对环境的影响分析及其对策研究 [J]. 科技风，2012（12）：218-219.

[9] GB 51222—2017. 城镇内涝防治技术规范 [S]. 北京：中国计划出版社，2017.

[10] 陈星，马燕，胡慧丽. 基于CiteSpace的国内教育大数据研究热点与现状分析 [J]. 教育信息技术，2018（10）：48-51.

[11] 耿莎莎. 基于城市规划视角下的城市内涝防治研究 [D]. 兰州大学，2013.

[12] 王静爱，史培军，王平. 黄土高原地区自然灾害时空分异综合研究 [J]. 北京师范大学学报（自然科学版），1995，31（4）：536-540.

[13] 金磊. 中国城市灾害风险与综合安全建设 [J]. 中国名城，2010，（12）：4-12.

[14] 高庆华，张业成，刘惠敏，等. 中国区域减灾基础能力初步研究 [M]. 北京：气象出版社，2006.

[15] 吴庆洲. 古代经验对城市防涝的启示 [J]. 灾害学，2012，27（3）：111-115.

[16] 许有鹏. 流域城市化与洪涝风险 [M]. 东南大学出版社，2012.

[17] 姜德文. 城市内涝防治的生态保护对策 [J]. 风景园林，2013（05）：21-23.

[18] 胡盈惠. 论快速城市化进程中的城市内涝治理 [J]. 中国公共安全（学术版），2011（02）：6-8.

[19] 俞孔坚等. 北京市生态安全格局及城市增长预景 [J]. 生态学报，2009（03）：1189-1204.

[20] 李旭，张辉，赵万民. 统筹兼顾，因势利导：历史治水经验对城市"内涝"的启示 [J]. 城市发展研究，2012，19（4）.

[21] 尹占娥. 城市自然灾害风险评估与实证研究 [D]. 华东师范大学，2009.

[22] 王通. 城市规划视角下的中国城市雨水内涝问题研究 [D]. 华中科技大学，2013：41.

[23] 张杰. 基于GIS及SWMM的郑州市暴雨内涝研究 [D]. 郑州大学，2012.

[24] 黄琳煜，李迷，聂秋月，包为民，石朋. 基于MIKE FLOOD的暴雨积涝模型在川沙地区的应用 [J]. 水资源与水工程学报，2017，28（03）：127-133.

[25] 胡伟贤，何文华，黄国如，冯杰. 城市雨洪模拟技术研究进展 [J]. 水科学进展，2010，21（01）：137-144.

[26] 徐向阳，刘俊，郝庆庆，丁国川. 城市暴雨积水过程的模拟 [J]. 水科学进展，2003（02）：193-196.

[27] 胡莎，徐向阳，周宏，陈睿星，李朋. 基于 SWMM 模型的山前平原城市水系排涝规划 [J]. 水电能源科学，2016，34（10）：106-109.

[28] 解以扬，李大鸣，李培彦，沈树勤，殷剑敏，韩素芹，曾明剑，辜晓青. 城市暴雨内涝数学模型的研究与应用 [J]. 水科学进展，2005（03）：384-390.

[29] 王建鹏，薛春芳，解以扬，金丽娜，薛荣. 基于内涝模型的西安市区强降水内涝成因分析 [J]. 气象科技，2008，36（06）：772-775.

[30] 赵冬泉，王婧，蒋勇，等. 数字排水用于管网规划设计与模拟优化分析 [J]. 给水排水动态，2009（6）：62-64.

[31] 赵冬泉，佟庆远，王浩正，等. SWMM 模型在城市雨水排除系统分析中的应用 [J]. 给水排水，2009，35（5）：198-201.

[32] 徐坚，王维平. 我国人工智能教育发展及现状研究——基于 1976—2017 年中文文献的 CiteSpace 可视化分析 [J]. 信息化研究，2017，43（06）：1-6.

[33] 袁媛，柳叶，林静. 国外社区规划近十五年研究进展——基于 CiteSpace 软件的可视化分析 [J]. 上海城市规划，2015（04）：26-33.

[34] 费孝通. 小城镇大问题（续完）[J]. 瞭望周刊，1984（05）：24-26.

[35] 许浩峰. 山地流域小城镇生态规划研究 [D]. 上海师范大学，2005.

[36] 欧阳志云，王如松. 生态规划的回顾与展望 [J]. 自然资源学报，1995（03）：203-215.

[37] 王如松，欧阳志云. 社会—经济—自然复合生态系统与可持续发展 [J]. 中国科学院院刊，2012，27（03）：337-345＋403-404＋254.

[38] 苑泽锴. 基于生态保护下的小城镇发展研究 [D]. 沈阳建筑大学，2012.

[39] 王祥荣，谢玉静，徐艺扬，鲁逸，李昆. 气候变化与韧性城市发展对策研究 [J]. 上海城市规划，2016（01）：26-31.

[40] 欧阳志云，李小马，徐卫华，李煜珊，郑华，王效科. 北京市生态用地规划与管理对策 [J]. 生态学报，2015，35（11）：3778-3787.

[41] 谢丽. 小城镇生态环境保护法治问题研究 [D]. 中南林业科技大学，2009.

[42] 于立. 中国生态城镇发展现状问题的批判性分析 [J]. 国际城市规划，2012，27（03）：93-101.

[43] 张怡. 平原中小城市内涝分析——以商丘为例 [J]. 给水排水，2013，49（S1）：201-205.

[44] 倪丽丽，曾坚. 城市暴雨内涝成灾机理与城市环境致灾演变 [J]. 建筑与文化，2015（06）：116-118.

[45] 李正晖. 基于 SWMM 与 WASP 的生态小城镇雨水景观利用的模拟研究 [D]. 天津大学，2009.

[46] 陆叶. 可持续雨洪管理导向下的小城镇公共空间规划研究 [D]. 西南交通大学，2015.

[47] 周国华，完颜华，祝丽思. 西北地区城镇化建设中雨水利用探讨 [J]. 地质灾害与环境保护，2006（04）：97-100.

[48] 邹晓雯，毛战坡. 新型城镇化中的雨水利用关键问题 [J]. 水利发展研究，2015，15（10）：64-68.

[49] 刘永琪. 低洼内涝地区城镇排水规划的新思路——以北京通州西集镇雨水控制利用规划为例 [J]. 北京规划建设，2012（01）：136-138.

[50] 刘滨谊，王南. 应对气候变化的中国西部干旱地区新型人居环境建设研究 [J]. 中国园林，2010，(8)：8-12.

[51] 刘滨谊，张德顺，等. 城市绿色基础设施的研究与实践 [J]. 中国园林，2013，(3)：6-10.

[52] 赵晶. 城市化背景下的可持续雨洪管理 [J]. 国际城市规划，2012，4：114-119.

[53] 龚清宇，王林超，苏毅. 可渗水面积率在控规中的估算方法 [J]. 城市规划，2006，30（3）：67-72.

[54] 徐学选，穆兴民，王文龙. 黄土高原（陕西部分）雨水资源化潜力分析 [J]，资源科学，2000，(1)：31-34.

[55] 谭琪，丁芹. 低影响开发技术理论综述及研究进展 [J]. 中国园艺文摘，2014. 30（03）：54-56＋94.

[56] G，L．J，H．J．P 等. Estimation of Urban Imperviousness and its Impacts on Storm Water Systems [J]. Journal of water resource planning and management. 2003，129（5）：419-426.

[57] Huff F A，S A Jr. Changnon Climatologieal assessment of urban effeetson PreciPitation at St. Louis. [J]. J. APPI. Meteor.，1972，1：823-842.

[58] Matsushita，J；Ozaki，M；Nishimura，S；Ohgaki，S. Rainwater drainage management for urban development based on public-private partnership. Water Science and Technology；London Vol. 44，Iss. 2-3，(Jul 2001)：295-303.

[59] 杨士弘，等. 城市生态环境学 [M]. 北京：科学出版社，2003.

[60] 王建龙，车伍，易红星. 基于低影响开发的雨水管理模型研究及进展 [J]. 中国给水排水，2010（9）：1-5.

[61] C．a．Zimmer，I W．Heathcote，H R Whiteley and H．Schroeter. Low-Impact-Development Practices for Stormwater Implications for Urban Hydrology. Drain and Sewer Systems Outside Buildings BS EN 752-4 [S]：1998.

[62] 何卫华，车伍，杨正，等. 城市绿色道路及雨洪控制利用策略研究 [J]. 给水排水，2012，(9)：42-47.

[63] 赵宇. 低影响开发理念在城市规划中的应用实践 [J]. 规划师，2013，29（21）：42-46.

[64] Stormwater Drainage Manual Planning，Design and Management [Z]. Drainage Services Department of Government of the HongKong Special Administrative Region，2000.

[65] US CVC. Low Impact Development Stormwater Management Planning and Design Guide [R]. 2010.

[66] Standard Guidelines for the Design of Stormwater Systems ASCE/EWIR 45-05 [S]. 1992.

[67] 赵迎春，刘慧敏. 城市雨洪及其管理体系 [J]. 中国三峡，2012（07）：28-33.

［68］ Gao，Jun-hai；Jiang，Yan-ling；Shi，Lian. Analysis on Drainage and Flood Control Planning and Construction for Small Towns in Mountainous Region. China Water & Wastewater Vol. 32，Iss. 14，（2016）：5-10.

［69］ 蒋祺，郑伯红. 基于雨洪管理理念的旧城区海绵城市规划研究［J］. 中外建筑，2017（08）：89-93.

［70］ 车伍，吕放放，李俊奇，李海燕，王建龙. 发达国家典型雨洪管理体系及启示［J］. 中国给水排水，2009，25（20）：12-17.

［71］ 邓位，于一平. 专题研究［J］. 国际城市规划，2011，26（03）：125-126.

［72］ 伊恩·伦诺克斯·麦克哈格. 设计结合自然［M］. 天津：天津大学出版社，2006：130-138.

［73］ 凯文·林奇，加里·海克. 总体设计［M］. 北京：中国建筑工业出版社，1999：246-254.

［74］ 威廉·M·马什. 景观规划的环境学途径［M］. 北京：中国建筑工业出版社，2006：147-167，245-257.

［75］ 乔纳森·帕金森，奥尔·马克. 发展中国家城市雨洪管理［M］. 北京：科学出版社，2007：107-118.

［76］ Semadeni-Davies，A；Bengtsson，L. The water balance of a subarctic town. U. S. Army Cold Regions Research and Engineering Laboratory，72 Lyme Road Hanover，NH 03755（USA），p. 95.

［77］ 欧盟 FP7 项目 CORFU 科技学术会议.

［78］ 任希岩，谢映霞，朱思诚，王文佳. 在城市发展转型中重构——关于城市内涝防治问题的战略思考［J］. 城市发展研究，2012，19（06）：71-77.

［79］ 谢映霞. 从城市内涝灾害频发看排水规划的发展趋势［J］. 城市规划，2013，37（02）：45-50.

［80］ 住房城乡建设部关于发布国家标准《室外排水设计规范》局部修订的公告［J］. 工程建设标准化，2016（07）：37-40.

［81］ 张向炜. 谈基本建筑理论体系的建构——以五位中国现代建筑师的探索为例［J］. 建筑学报，2007（12）：58-60.

［82］ https://baike. baidu. com/item/% E7% B3% BB% E7% BB% 9F% E8% AE% BA/1133820？ fr＝aladdin.

［83］ 吴良镛著. 人居环境科学导论［M］. 北京：中国建筑工业出版社，2001：100.

［84］ 沈克宁. 新城市主义的三个领域［J］. 建筑师，2003（03）：20-27.

［85］ Mohammad，A Shokouhi. New town planning and imbalanced development：The case of Stevenage. WSEAS Transactions on Environment and Development Vol. 1，Iss. 1，（Oct. 2005）：144-149.

［86］ Thomas Huw. Town and Country Planning in the UK/Planning in the UK. An Introduction. Planning Theory & Practice；Abingdon Vol. 16，Iss. 4，（2015）：594.

［87］ 许娜. 美国新城市主义思想对我国住区规划设计的启示［J］. 建筑创作，2004（08）：28-31.

［88］ 沈克宁著. 当代建筑设计理论——有关意义的探索［M］. 北京：中国水利水电出版

社、知识产权出版社，2009：100.

[89] Sun, X-W. Analysis of the Green Space System Planning in Small Towns with Yifeng Township, Yancheng City as an Example. Journal of landscape research Vol. 1, Iss. 12, (Dec 2009)：10-14.

[90] GBT 50378—2014. 绿色建筑评价标准 [S]. 北京：中国建筑工业出版社，2014. 01.

[91] 刘加平，高瑞，成辉. 绿色建筑的评价与设计 [J]. 南方建筑，2015（02）：4-8.

[92] 朱国庆著. 生态理念下的建筑设计创新策略 [M]. 北京：水利水电出版社，2017：97.

[93] 冉茂宇，刘煜. 生态建筑 [M]. 武汉：华中科技大学出版社，2008：283-289.

[94] 陈洋，张定青，黄明华. 集雨节水建筑技术 [J]. 西安交通大学学报，2002（05）：545-547.

[95] 高盼盼. 关中盆地降水量预测及其在干旱研究中的应用 [D]. 长安大学，2015.

[96] 刘俊民，郭瑞. 关中平原降水特征分析 [J]. 人民黄河，2008（05）：22-24.

[97] 翟晓丽. 关中盆地降水变化趋势研究 [D]. 西安科技大学，2012：9.

[98] 徐岚，雷振东. 关中传统村镇旱涝平衡经验及其当代规划启示 [J]. 西安建筑科技大学学报（自然科学版），2017，49（01）：111-117＋130.

[99] 罗碧虹. 基于雨水径流总量控制的高密度城区下凹式绿地量化研究 [D]. 湖南大学，2015.

[100] 朱士光. 西汉关中地区生态环境特征与都城长安相互影响之关系 [J]. 陕西师范大学学报（哲学社会科学版），29（3），200009：35-42.

[101] 徐岚，郭鹏. 基于自然地理的西咸新区海绵城市本土化建设探析 [J]. 华中建筑，2017，35（04）：88-92.

[102] 郑晏武著. 中国黄土的湿陷性 [M]. 北京：地质出版社，1982：19.

[103] 毛昶熙，等主编. 堤防工程手册 [M]. 北京：水利水电出版社出版，2009，09：23.

[104] 王军. 西安古城区传统民居形态研究 [D]. 西安建筑科技大学，2006.

[105] 刘瑛. 关中传统合院民居院落空间的再认识 [A]. 西安建筑科技大学，中国民族建筑研究会民居建筑专业委员会. 第十五届中国民居学术会议论文集 [C]. 中国民族建筑研究会，2007：4.

[106] 胡萍. 基于模型分析构建城市排涝方案 [D]. 西安建筑科技大学，2017.

[107] 王建国著. 城市设计 [M]. 南京：东南大学出版社，2011（01）：109.

[108] 赵晖，等著. 说清小城镇——全国121个小城镇详细调查 [M]. 北京：中国建筑工业出版社，2017：145.

[109] 丁东华. 小城镇排水管网与防涝设施现状及应对措施探讨.

[110] 同济大学建筑城规学院. 城市规划资料集（第一分册：总论）[M]. 北京：中国建筑工业出版社，2005.

[111] 俞孔坚，李迪华，刘海龙著. "反规划"途径 [M]. 北京：中国建筑工业出版社，2005：19.

[112] 现代汉语词典 [M]. 北京：商务印书馆，2016.

[113] 汪叶斌著. 一般平衡论 [M]. 匹兹堡：美国学术出版社，2013.

[114] 詹道江，叶守泽编著. 工程水文学 [M]. 北京：中国水利水电出版社，2000.

[115] 李文运，张伟，戈建民，彭慧. 水量平衡分析方法及应用 [J]. 水资源保护，

2011，27（06）：83-87.

[116] 裴婕，赵芳媛，董刚，徐巧峰. 黄土高原地区水量平衡研究 [J]. 山西大学学报（自然科学版），2017，40（01）：175-186.

[117] 裴婕. 黄土高原植被恢复下的水量平衡和水分利用效率研究 [D]. 山西大学，2017.

[118] 张帆. 整体与协同 [D]. 北京林业大学，2010：11.

[119] 邹力行. 平衡规律研究 [J]. 财经问题研究，2015（02）：3-11.

[120] 李国豪，等著. 中国土木建筑百科辞典——城镇基础设施与环境工程 [M]. 北京：中国建筑工业出版社，2013.

[121] 谢映霞. 从城市内涝灾害频发看排水规划的发展趋势 [J]. 城市规划，2013，37（02）：45-51.

[122] 严明，陈长太. 崇明美丽乡村建设水务指标体系的初步研究 [J]. 水利规划与设计，2018（01）：26-27＋64.

[123] 米子龙，付征垚，黄鹏飞. 北京城市排水与防涝总体规划解读 [J]. 北京规划建设，2018（02）：79-83.

[124] GB 50014—2006. 室外排水设计规范 [S]. 北京：中国计划出版社，2016.

[125] 卢金锁，程云，郑琴，杜锐，王社平，王俊萍. 西安市暴雨强度公式的推求研究 [J]. 中国给水排水，2010，26（17）：82-84.

[126] 叶镇，刘鑫华，等. 区域综合径流系数的计算及其结果评价 [J]. 中国市政工程，1994，67（4）：43-45.

[127] 胡爱兵. 深圳市某区域"海绵城市"目标分解机制及指标体系构建 [A]. 中国城市规划学会，贵阳市人民政府. 新常态：传承与变革——2015 中国城市规划年会论文集（02 城市工程规划）[C]. 中国城市规划学会，2015：9.

[128] 王文亮，李俊奇，车伍，赵杨. 海绵城市建设指南解读之城市径流总量控制指标 [J]. 中国给水排水，2015，31（08）：18-23.

[129] 赵晖，等. 说清小城镇——全国 121 个小城镇 [M]. 北京：中国建筑工业出版社，2017，9：53.

[130] 李浩. 基于生态城市理念的城市规划工作改进研究. 清华大学，博士后研究工作报告，2012.

[131] 宋代风. 可持续雨水管理导向下住区设计程序与做法研究 [D]. 浙江大学，2012.

[132] 雷晓娜. 西咸新区海绵城市建设管理研究 [D]. 长安大学，2017.

[133] Gondhalekar, Daphne; Nussbaum, Sven; Akhtar, Adris; Kebschull, Jenny; Keilmann, Pascal. Water-related health risks in rapidly developing towns: the potential of integrated GIS-based urban planning. Water International Vol. 38, Iss. 7, (January 1, 2013).

[134] 门博，夏晶，杨慧，程珊. 以案例为导向的村庄规划用地分类研究——基于首批全国村庄规划示范案例用地分类部分研究的思考 [J]. 小城镇建设，2015（06）：70-74＋79.

[135] 白鹏翔. 陕西省渭北地区农田内涝盐碱灾害与治理对策 [J]. 陕西水利，2011（04）：7-8＋11.

[136] 毕凌岚. 生态城市物质空间系统结构模式研究 [D]. 重庆大学，2004.

后　记

本书在笔者博士论文基础上改写而成。在研究写作过程中体会了科学研究工作的严谨和不易，科学问题的提出、研究方法的运用、交叉学科的融会、研究成果的凝练……每一步都需要认真、坚韧，并始终保持着创新的意识，去探求科学的真知、解决的途径。由衷地向每一位科研工作者致敬！在成文之际，向所有给予我指导、帮助和关心的人表示衷心的感谢。

特别感谢我的导师雷振东教授，在每一个关键时刻，为我指引前进的方向，教我如何面对问题、解决问题；以身作则，让我明白治学须严谨、视野须开阔、思考须敏锐；正直的品格、宽广的胸襟、平易的性格，让我明白做人的真谛、形成正确的三观……这一切，将使我终身受益。先生授业之恩，学生唯以终生刻苦努力、不断前行为报！

感谢天津大学曾坚教授、西安建筑科技大学李志民教授、陈景衡教授、于洋教授、岳邦瑞教授、张沛教授、刘晖教授、任云英教授对博士论文的评阅和指正，使本书得以优化；感谢西安建筑科技大学段德罡教授、李立敏副教授、靳亦冰副教授、田达睿副教授，谢谢他们在工作、学习和生活等诸多方面的关心、指导和帮助；感谢西咸新区管委会副主任李肇娥女士，深圳市城市规划设计研究院低碳生态规划研究中心主任俞露女士，西安建筑科技大学城市规划设计研究院孙菲女士、叶雯女士，谢谢她们在资料分析、案例研究中的大量而重要的技术支持，和她们的每一次交流讨论，都深受启发。

感谢国家自然科学基金重点项目（51438009）、青年项目（51508441）和陕西省重点研发计划项目（2018SF-381）的资助。

感谢支持和鼓励我的家人。

2019 年 7 月